utb 6147

Eine Arbeitsgemeinschaft der Verlage

Brill | Schöningh – Fink · Paderborn
Brill | Vandenhoeck & Ruprecht · Göttingen – Böhlau · Wien · Köln
Verlag Barbara Budrich · Opladen · Toronto
facultas · Wien
Haupt Verlag · Bern
Verlag Julius Klinkhardt · Bad Heilbrunn
Mohr Siebeck · Tübingen
Narr Francke Attempto Verlag – expert verlag · Tübingen
Psychiatrie Verlag · Köln
Ernst Reinhardt Verlag · München
transcript Verlag · Bielefeld
Verlag Eugen Ulmer · Stuttgart
UVK Verlag · München
Waxmann · Münster · New York
wbv Publikation · Bielefeld
Wochenschau Verlag · Frankfurt am Main

Robert J. Zaugg

Fallstudien-methodik

Fallstudien erstellen, lösen und bewerten

Haupt Verlag

1. Auflage: 2023

Bibliografische Informationen der Deutschen Nationalbibliothek:
Die Deutsche Nationalbibliothek verzeichnet diese Publikation in der Deutschen Nationalbibliografie; detaillierte bibliografische Daten sind im Internet über http://dnb.dnb.de abrufbar.

Umschlaggestaltung: siegel konzeption | gestaltung, D-Stuttgart
Umschlagfoto: AdobeStock_117368363_ mimadeo
Gestaltung und Satz: Die Werkstatt Medien-Produktion GmbH, D-Göttingen
Korrektorat: Uta Koßmagk, D-Wiesbaden

Gedruckt in Deutschland

UTB-Band-Nr.: 6147
ISBN: 978-3-8252-6147-4

Vorwort

Die Fallstudie ist in vielfacher Hinsicht eine nützliche Methode. Sie lässt sich im Unterricht bzw. in der Aus- und Weiterbildung, in der wissenschaftlichen Forschung und in der praktischen Arbeit verwenden. Sie kommt in zahlreichen Disziplinen und Branchen zum Einsatz. Sie ist methodologisch vielfältig und anspruchsvoll. Sie kombiniert qualitative und quantitative Verfahren der Sozialforschung. Da sie nicht darauf ausgerichtet ist, Hypothesen zu überprüfen, sondern sie zu plausibilisieren sowie zu illustrieren, müssen Forschende sehr gewissenhaft dokumentieren, was genau sie getan haben und warum. Der darauf aufbauende Dialog entspricht dem Kern wissenschaftlichen Arbeitens und kann zu neuen Erkenntnissen führen. Da Fallstudien keine absoluten Wahrheiten vermitteln können und wollen, regen sie Lernende bzw. Studierende zum kritischen Hinterfragen und Austausch an. Dies ist – insbesondere vor dem Hintergrund einer zunehmend auf Kompetenzen ausgerichteten Bildung – eine besonders wertvolle Eigenschaft der Fallstudie.

In ihrer über 150-jährigen Geschichte hat die Fallstudie ihren Nutzen unter Beweis gestellt und sich weiterentwickelt. Selbstverständlich ist diese Methode – wie alle Lehr- und Forschungsverfahren – mit Vor- und Nachteilen verknüpft. Die Reflektion darüber, welche Methode für welchen Zweck geeignet ist, stellt einen zentralen Aspekt jeder Lehr- und Forschungsstrategie dar. In diesem Sinne ist der konstruktive Austausch über die Stärken und Schwächen dieser Methode Erfolgsfaktor und Qualitätsmerkmal.

Die vorliegende Fallstudienmethodik ist als pragmatischer Leitfaden zur Arbeit mit Fallstudien in Lehre und Forschung zu verstehen. Sie richtet sich an Studierende, Dozierende, Forschende und praktisch tätige Personen. Es ist klar, dass der Praxisorientierung dieser Schrift teilweise deren theoretische Tiefe zum Opfer fallen muss. Dies ist eine bewusste Entscheidung, weil das Ziel darin besteht, Interessierten einen niederschwelligen Zugang zu dieser Methode zu bieten und damit ihre Verbreitung zu unterstützen. Dass die Fallstudie auch vor diesem Hintergrund jederzeit wissenschaftlich sauber und intersubjektiv nachvollziehbar anzuwenden ist, versteht sich von selbst. Das Buch kann als logisch aufgebauter Leitfaden, aber auch als Nachschlagewerk verwendet werden. Für Forschende dürften insbesondere die Abschnitte zur Fallstudie als Design der explorativen Forschung (Kapitel 4) und zum Bezugsrahmen als deren Heuristik (Kapitel 5) interessant sein. Für Studierende und in der Praxis tätige Personen können sich der Abschnitt zum Verfassen einer Fallstudie (Kapitel 6) und die Beispiele zweier Fallstudien (im Anhang) als nützlich erweisen. Dozierende und Personen, die eine Fallstudie im Prüfungskontext bearbeiten, sollten sich die Abschnitte zur Lösung (Kapitel 7) und Bewertung (Kapitel 8) einer Fallstudie anschauen.

Die Fallstudienmethodik basiert auf den folgenden Arbeitsberichten und Publikationen des Verfassers (als Autor oder Mitherausgeber): Zaugg (1996: 7–14), Zaugg (2002a, 2002b), Thom/Zaugg (2005), Zaugg (2009: 7–34) Thom/Wenger/Zaugg (2007). Die Texte wurden aktualisiert und weiterentwickelt.

Die Arbeiten an diesem Buch haben vor über 20 Jahren begonnen und wurden von Vordenkern sowie Kollegen geprägt. Erich Kosiol und Erwin Grochla haben die Fallstudie als Instrument der universitären Bildung im deutschsprachigen Raum populär gemacht. Dank gebührt Andreas Wenger und Norbert Thom, mit welchen 1998 (5. Auflage: 2007) die Fallstudiensammlung «Fälle zu Organisation und Personal» herausgegeben wurde. Insbesondere Dr. Andreas Wenger war in dieser Zeit ein kompetenter und inspirierender Gesprächspartner. Wichtige Überlegungen und Erkenntnisse gehen auf die damaligen Diskussionen zurück. Großer Dank gebührt auch allen Studierenden, die Fallstudien erarbeitet, kommentiert oder in Prüfungen bearbeitet haben, sowie den Praxispartnern, welche Informationen zur Verfügung gestellt haben, damit die Fallstudien überhaupt entstehen konnten.

Einen besonderen Dank verdient Dr. Adrian Blum, der das Manuskript inhaltlich geprüft und wertvolle Verbesserungshinweise eingebracht hat. Herzlich bedanke ich mich auch bei Dr. Brigitte Zaugg, die das Manuskript lektoriert sowie Patrizia Haupt und Elisabeth Homberger vom Haupt Verlag, die das Buch in der Reihe UTB herausgebracht haben.

Entsprechend eines wichtigen Merkmals der Fallstudie – ihrer kontinuierlichen Weiterentwicklung im Dialog – sind alle Leser und Leserinnen eingeladen, Feedback zu diesem Werk und zur Methode der Fallstudie zu geben (robert.zaugg@zauggnet.ch). Ich freue mich darauf!

Interlaken, im März 2023

Robert J. Zaugg

Inhaltsverzeichnis

1 Einleitung

Die Arbeit mit Fallstudien hat in der Betriebswirtschaftslehre eine lange Tradition und erfreut sich zunehmender Beliebtheit. Die Fallstudienmethode wurde um 1870 (vgl. Lynn 1999: 3) an der Harvard Law School entwickelt und wird seit Beginn des 20. Jahrhunderts an der Graduate School of Business Administration der Harvard University als zentrale Lehr- und Lernmethode eingesetzt (vgl. Meier 1995: 137, Garvin 2003, Marsick 2004: 384). Später kamen weitere Fachgebiete dazu und heute ist die Fallstudie aus der Bildung praktisch nicht mehr wegzudenken. Auch in der wissenschaftlichen Forschung nimmt die Fallstudie als qualitative Methode eine bedeutende Stellung ein (vgl. Yin 2018).

Erich Kosiol hat die Fallstudienmethode als einer der Ersten in der deutschsprachigen Betriebswirtschaftslehre als Lehrmethode in der Universitätsausbildung («Ein Berliner Versuch») eingesetzt (vgl. Kosiol 1957). Sein Schüler Erwin Grochla und in weiterer Folge Norbert Thom haben die Fallstudienmethode ebenfalls angewandt («Ein Kölner Versuch») und weiterentwickelt (vgl. Grochla/Thom 1975, Thom/Wenger/Zaugg 1998). Die Tatsache, dass im Zusammenhang mit konzeptionellen und methodologischen Aspekten der Fallstudie häufig von der Fallstudienmethode die Rede ist, soll nicht darüber hinwegtäuschen, dass die Fallstudie wesentlich mehr darstellt als eine Forschungsmethode in engerem Sinn. Es ist daher angemessener, von der Fallstudie als Forschungsdesign (vgl. de Vaus 2001: 219) oder als Forschungsstrategie (vgl. Yin 1981: 59, Yin 1993: 33, Yin 1994: 9 ff., Yin 2018: 13 ff.) zu sprechen, da diese verschiedene Methoden und Perspektiven berücksichtigen kann. In Abgrenzung zu den in Abschnitt Strategien der explorativen Forschung vorgestellten Strategien der explorativen Forschung ist nachfolgend von der Fallstudie als Forschungsdesign die Rede. Der Begriff Design steht für eine Vorgehensheuristik.

Neben ihrer Funktion als didaktisches Instrument (vgl. Thom 2007: 5 ff., Wenger/Zaugg 2007: 21 ff.) in der Bildung lässt sich die Fallstudie in weiteren Bereichen anwenden. Sie dient zunehmend auch als Design der Sozialforschung. Sie wird im Rahmen der Unternehmensberatung und bei Prozessen der Organisationsentwicklung eingesetzt und lässt sich zudem zu Zwecken der Unternehmenskommunikation verwenden. Das vorliegende Werk wendet sich vor allem der Fallstudie als Design der explorativen Sozialforschung zu und nicht primär der Anwendung der Fallstudie in der Lehre. Lynn umschreibt diesen Aspekt treffend wie folgt: «The meaning of the term case study as a basis for case teaching must be distinguished from its meaning as a method of conducting research or as a product of such research (...).» (Lynn 1999: 15).

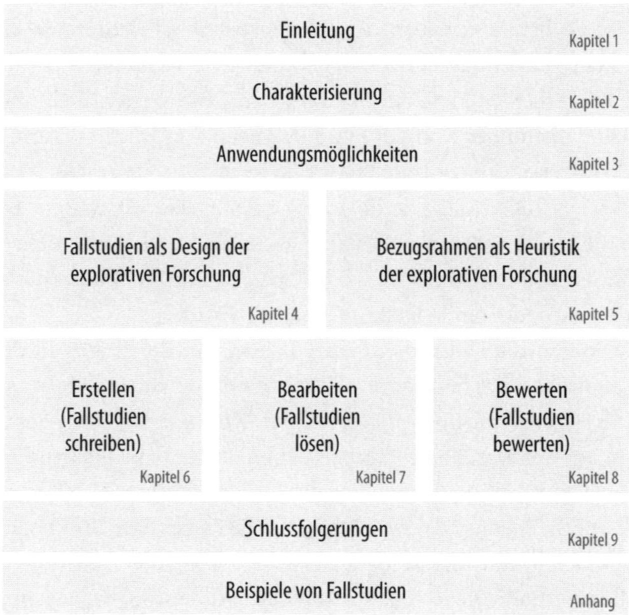

Abbildung 1: Aufbau des Buches

Das Buch richtet sich an Studierende und Forschende, welche die Fallstudie systematisch in ihren wissenschaftlichen Arbeiten anwenden wollen. Wenn sich Forschende bei der Erarbeitung von Fallstudien an einheitlichen Grundsätzen orientieren und ihr methodisches Vorgehen gewissenhaft dokumentieren, kann ein gewichtiger Nachteil der Fallstudie – die mangelnde Generalisierbarkeit der Befunde – zum Teil ausgeglichen werden. Durch ein koordiniertes Vorgehen bei der Definition der Analyseeinheiten, die Steuerung der Datenerhebung durch Leitfragen und eine einheitliche Struktur der Fallstudien wird die Durchführung sogenannter Mehr-Fall-Designs (vgl. Boos 1993: 39 ff.) erleichtert. Kubicek spricht auch von der vergleichenden Fallstudie (vgl. Kubicek 1975: 61 ff.). Es ist ein wichtiges Ziel dieses Buches, eine Vorgehensmethodik zu entwerfen, welche es Forschenden erleichtert, bei der Erarbeitung von Fallstudien ähnlich vorzugehen und dadurch die Anschlussfähigkeit ihrer Forschungsbemühungen zu vergrößern. Die vorgestellte Methodik ist als Schritt zur verstärkten Hinwendung der empirischen Sozialwissenschaften zur kumulativen Forschung zu verstehen, wie sie u. a. auch von Diekmann (1998: 141) gefordert wird.

Die zunehmende Bedeutung der Fallstudie als Forschungsdesign zeigt sich in der Zunahme von Veröffentlichungen, die Fallstudien beinhalten, und in der Zunahme von Fallsammlungen im Internet. De Vaus (2001: 231) spricht von der Fallstudie sogar als «(…) major design for social research.» Gerring (2017: 3 ff. und 25) hat die Bedeutung der Fallstudie in der Forschung historisch und bibliometrisch aufgearbeitet und resümiert: «Rising to prominence in the early twentieth century, case study research designs are today ubiquitous.»

Nachfolgend wird zuerst die Fallstudienmethodik charakterisiert und dann werden deren Anwendungsmöglichkeiten dargestellt. Anschließend erfolgt die detaillierte Beschreibung der Fallstudie als Design der explorativen Sozialforschung. Bezugsrahmen spielen im Rahmen der explorativen Forschung eine wichtige Rolle. Ihnen und den Stufen der Theorieentwicklung ist das anschließende Kapitel gewidmet. Drei konkrete Fragen stehen dann im Vordergrund:

1. Wie verfasse ich eine Fallstudie (Fallstudienerarbeitung)?
2. Wie löse ich eine Fallstudie (Fallstudienbearbeitung)?
3. Wie bewerte ich (als Dozent oder Dozentin) eine Fallstudie?

Die Fallstudienerarbeitung orientiert sich an einem heuristischen Vorgehensprozess, der neun Phasen umfasst.

Abbildung 2: Heuristisches Vorgehen zur Fallstudienerarbeitung

Nach der Vorstellung des Prozesses im Überblick werden die einzelnen Phasen sowie die jeweils anzuwendenden Forschungsverfahren beschrieben. In der Fallstudienbearbeitung wird erläutert, wie Fallstudien systematisch gelöst werden können. Hier steht die Perspektive der Studierenden im Vordergrund. Die Fallstudienbewertung geht darauf ein, wie Lehrende bzw. Dozierende eine Fallstudie fair und effizient beurteilen können. Resümierende Überlegungen runden das Buch ab. Im Anhang finden sich zwei Fallstudien (Lern- oder Prüfungsfälle) als Beispiele.

2 Charakterisierung der Fallstudienmethodik

Der Begriff der Fallstudie (Case Study) wird in Anlehnung an Yin wie folgt definiert:

«A case study is an empirical method that investigates a contemporary phenomenon (the «case») in depth and within its real-world context, especially when the boundaries between phenomenon and context are not clearly evident (…). A case study copes with the technically distinctive situation in which there will be many more variables of interest than data points, and as one result benefits from prior development of theoretical propositions to guide design, data collection, and analysis, and as another result relies on multiple sources of evidence, with data needing to converge in a triangulating fashion.» (Yin 2018: 15).

Diese Definition ist auf die Bedeutung der Fallstudie als Forschungsstrategie ausgerichtet. Sie stellt deren qualitative Orientierung und die große Bedeutung eines methodisch-konzeptionellen Pluralismus (vgl. Zaugg 2002a: 3 f.) in den Vordergrund. Fallstudien sind als Forschungsdesign vor allem dann geeignet, wenn es eine große Zahl von Variablen bei einer kleinen Zahl von Untersuchungseinheiten zu analysieren gilt und der Kontext eine wichtige Rolle spielt (vgl. de Vaus 2001: 231 f.).

Kaiser (1983: 20 f.) thematisiert vor allem die didaktischen Aspekte der Fallstudie, indem er schreibt: «Es handelt sich dabei zumeist um die Darstellung einer konkreten Situation aus dem Alltagsleben, die anhand bestimmter Tatsachen, Ansichten und Meinungen dargestellt wird, auf deren Grundlage eine Entscheidung getroffen werden muß. In einem bestimmten Umfang werden abhängig von der Zielsetzung, die mit der Fallstudie verfolgt wird, zum Fall gehörende Voraussetzungen und Rahmenbedingungen geschildert.» Neben dem Entscheidungsfall, auf den sich Kaiser bezieht, sind je nach der Art der im Vordergrund stehenden Problemstellung auch weitere Formen der Fallstudie denkbar (vgl. Perlitz/Vassen 1976: 1 ff., Kleine 1981: 60 ff., Eschenbach/Kreuzer/Neumann 1994: 11 ff., Thom 2007: 5 ff.).

- *Problemfindungsfall (Case Problem Method):* Diese Form der Fallstudie ist auf die Analyse des Problemfeldes ausgerichtet. Sie stellt einen Sachverhalt bzw. eine Entscheidungssituation vereinfacht dar.
- *Vorfall- oder Ereignisstudie (Incident Method):* Ausgehend von einer unvollständigen Situationsbeschreibung lädt diese Fallstudie die Bearbeitenden dazu ein, zusätzliche Informationen zusammenzutragen und zu verdichten. Es geht

hier neben der Problemanalyse auch um die Erarbeitung von Entscheidungsgrundlagen.

- *Lernfall (Stated Problem Method):* Diese häufig in der Unternehmensberatung angewandte Form der Fallstudie beschreibt eine Problemstellung und die implementierte Lösung. Sie regt dadurch die Übertragung von Erfahrungen aus einem Unternehmen/einer Institution auf ein anderes/eine andere an. Es geht hier also auch um inter-organisationales Lernen.
- *Entscheidungsfall (Case Study Method):* Wie bereits in der Definition von Kaiser angedeutet, sind Fallstudien häufig auf ein Entscheidungsproblem ausgerichtet. Dies ist auch bei der Mehrheit der sogenannten Harvard Cases der Fall. Entscheidungsfälle können eine große Menge von Daten umfassen, die von den Bearbeitern der Fallstudie ausgewertet, hinsichtlich Relevanz beurteilt und in der Falllösung verarbeitet werden müssen. Im Vordergrund dieser Form der Fallstudie stehen die Informationsselektion und die kreative Suche nach implementierbaren Lösungen.
- *Simulation, Planspiel oder Postkorbmethode:* Diese Formen der Fallstudie weisen den größten Detaillierungs- bzw. Ausarbeitungsgrad auf. Sie sind in der Regel auf ein bestimmtes Ausbildungs- oder Selektionsziel ausgerichtet und kommen vor allem im Rahmen des Personalmanagements (insbesondere bei der Personalselektion und bei der Ausbildung) zum Einsatz.

Als weiteres Differenzierungskriterium eignet sich die Breite der behandelten Problemstellung. Sie reicht von einfachen (z. B. Vorfallstudie, Incident Method) bis hin zu sehr komplexen Problemstellungen.

Während es sich bei Fallstudien, die zu Ausbildungszwecken verwendet werden, häufig um Problemfindungsfälle, Vorfall- oder Ereignisstudien und Entscheidungsfälle handelt, stellt der Lernfall in der Regel das Ziel von Forschungsbemühungen dar. Das soll aber nicht heißen, dass aus der systematischen Anwendung des Fallstudiendesigns in der Forschung nicht auch alle anderen Formen der Fallstudie resultieren können. Sie sind vielmehr als Entwicklungsschritte in einem explorativen Forschungsprozess zu verstehen. In Anlehnung an die Phasen der organisatorischen Gestaltung (vgl. Grochla 1982: 44 ff.) lassen sich Fallstudien auch danach unterscheiden, auf welche Phase dieses heuristischen Prozesses das Hauptaugenmerk gerichtet ist. Die Phasen bauen in einer logischen Ordnung aufeinander auf.

- *Problemerkennungsfall:* Diese Form entspricht der Case Problem Method (Problemfindungsfall). Es geht hier um die erste Identifikation offener und/ oder verdeckter Probleme auf der Basis einer groben Situationsbeschreibung.
- *Beschreibungsfall:* Ausgehend von der Ermittlung und Analyse der relevanten internen und externen Rahmenbedingungen umschreibt dieser Fall eine spezifische Unternehmenssituation. In Analogie zur Ereignisstudie soll der Fall die Beschaffung von Zusatzinformationen anregen und dadurch die Komplettierung der Situationsbeschreibung ermöglichen.
- *Diagnosefall:* Während es im Problemerkennungsfall um die grobe Charakterisierung einer Problemstellung geht, beschäftigt sich der Diagnosefall mit der differenzierten Herausarbeitung der zentralen Fragestellungen sowie der relevanten Daten.
- *Problemlösungsfall:* Aufbauend auf der präzisen Beschreibung des Problems können eine oder mehrere spezifische Problemlösungen konzipiert werden. In dieser Form beschreibt der Fallautor bzw. die Fallautorin, wie ein Unternehmen/eine Institution ein konkretes Problem gelöst hat. Sie entspricht daher der vorher erwähnten Stated Problem Method (Lernfall). Lynn (1999: 109) spricht von «Illustrative Cases».
- *Bewertungsfall:* In Erweiterung des Problemlösungsfalles stellt der Bewertungsfall mehrere mögliche Handlungsalternativen vor, welche vom Untersuchungsgegenstand (Unternehmen, Person oder Personengruppe) entwickelt und anschließend bewertet wurden. Der Fall enthält somit auch Bewertungskriterien und Hinweise zu deren Gewichtung.
- *Entscheidungsfall:* Neben der Situationsbeschreibung, der Erläuterung von Lösungsalternativen und deren Bewertung fokussiert der Entscheidungsfall auf die Begründung der implementierten Lösung. Aus der umfassenden Begründung resultieren in der Regel ein tieferes Problemverständnis und eine fundiertere Erkenntnis darüber, wie Entscheidungen in sozialen Systemen zustande kommen. Entscheidungsgremien (z. B. Geschäftsleitungen) wählen u. U. nicht die betriebswirtschaftlich sinnvollste Lösungsalternative, weil sie zusätzliche, teilweise implizite Entscheidungskriterien (z. B. Prestige, Moral, Gruppendynamik) anwenden. Diese Zusammenhänge lassen sich, wenn überhaupt, vielfach nur anhand einer gezielten Analyse der Begründungen ermitteln.
- *Umsetzungsfall (Präzisierter Problemlösungsfall):* Im Grunde genommen handelt es sich bei dieser Form um einen sehr ausführlich begründeten und detailliert ausgearbeiteten Lernfall, der zudem über die Umsetzung der gewählten Lösung Auskunft gibt. In seltenen Fällen können eine Gegenüberstellung der

für eine Maßnahme festgelegten Ziele mit den tatsächlich erreichten Ergebnissen und damit eine Evaluation der Lösung durchgeführt werden. Es versteht sich, dass solche Fallstudien eine längerfristige Zusammenarbeit mit dem Untersuchungsgegenstand, eine große Offenheit des Partners und die Kenntnis der im Vorfeld festgelegten und nicht ex post konstruierten Zielsetzungen einer Maßnahme erfordern.

Abbildung 3 stellt die verschiedenen Formen von Fallstudien im Überblick dar. Differenzierungskriterium ist der Ausarbeitungs- bzw. Präzisierungsgrad. Es gilt zu bedenken, dass jede Stufe auf der vorangegangenen aufbaut und deren Informationen enthält. Die Fallstudie wird von Stufe zu Stufe weiter angereichert.

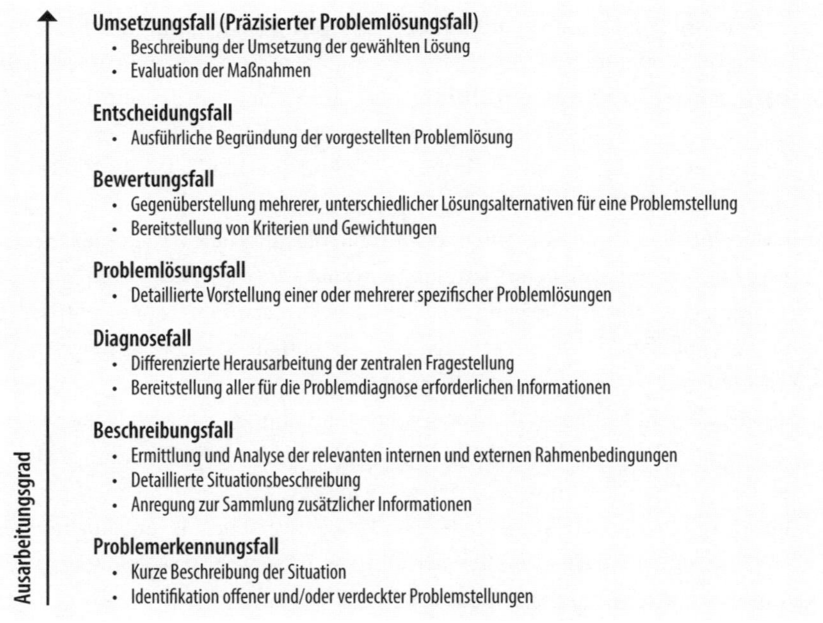

Abbildung 3: Formen von Fallstudien

Um die beschriebenen Formen der Fallstudie in der Ausbildung einsetzen zu können, müssen sie unter Umständen angepasst bzw. didaktisch aufbereitet werden. So ist es für Studierende wesentlich nützlicher, die Situationsbeschreibung und die umgesetzte Problemlösung künstlich voneinander zu trennen, um mehr Raum für eigene kreative Lösungen und die Anwendung theoretischer Kenntnisse zu ermöglichen. Die Differenzierung zwischen einem beschreibenden Teil, einem Frageteil und einem Lösungsteil hat sich in der Lehre sehr bewährt.

Bei Yin finden sich sechs Typen von Fallstudien (vgl. Yin 1993: 5). Er unterscheidet zwischen Einzelfallstudien bzw. Mehrfallstudien und differenziert weiter zwischen explorativen, deskriptiven und explikativen Fällen. Ähnlich wie die in Abbildung 3 vorgestellte Klassifikation geht Yin von einem zunehmenden Differenzierungsgrad aus.

De Vaus (2001: 228 ff.) differenziert Fallstudien danach, ob sie (1) deskriptiv oder explanatorisch angelegt sind, ob sie (2) eine Theorie testen oder eine Theorie entwickeln wollen, ob es sich (3) um einen Einzelfall oder ein Mehr-Fall-Design handelt, ob (4) ein ganzheitlicher Problembereich («holistic») oder ein spezifisches Detailproblem («embedded») analysiert wird, ob es sich (5) um parallele oder sequentielle Fallstudien handelt sowie schließlich, ob (6) eine Retrospektion oder eine Prospektion vorliegt. Aus dieser Klassifikation ergeben sich 64 theoretische Formen (2^6) von Fallstudien.

Einen weiteren Klassifikationsvorschlag legen Mauffette-Leenders et al. (2007: 11 ff.) vor. Sie sprechen von einem «Case Difficulty Cube» und unterscheiden drei Dimensionen, die jeweils drei Ausprägungen aufweisen.

1. *Die analytische Dimension:* Hier geht es um die Aufgabe bzw. die erforderliche Entscheidung. Fallstudien können das zu bewältigende Problem explizit benennen und dessen Lösung umfassend beschreiben (Schwierigkeitsgrad 1) oder sie können lediglich Informationen zur Verfügung stellen, welche von den Bearbeitern des Falles selbst untersucht werden müssen (Schwierigkeitsgrad 3). Beispiel für einen Fall des Schwierigkeitsgrades 3: Bereitstellung einer Bilanz und Erfolgsrechnung ohne zusätzliche Angaben.
2. *Die konzeptionelle Dimension:* In dieser Dimension wird die Frage thematisiert, welche Theorien, Konzepte und Techniken eingesetzt werden müssen, um die Fallstudie zu lösen. Die Bandbreite reicht wiederum von Fallstudien, die nur auf *eine* Theorie zurückgreifen, die zudem einfach verständlich ist, bis hin zu Fallstudien, welche die Kenntnis mehrerer komplexer Theorien eventuell sogar aus mehreren Disziplinen voraussetzen.
3. Die *Präsentationsdimension:* Diese Dimension differenziert Fallstudien nach der Form der Aufbereitung der Informationen. Kurze, sehr gut strukturierte, alle relevanten Informationen umfassende und in schriftlicher Form vorliegenden Fälle werden dem Schwierigkeitsgrad 1 zugewiesen. Sehr lange Fälle, die nicht oder wenig strukturiert sind und nur einen Teil der zur Falllösung erforderlichen Informationen enthalten sowie zudem verschiedene Informa-

tionsquellen umfassen (z. B. Texte, Tonbandaufzeichnungen, Videos, Datenbanken etc.), entsprechen dem Schwierigkeitsgrad 3.

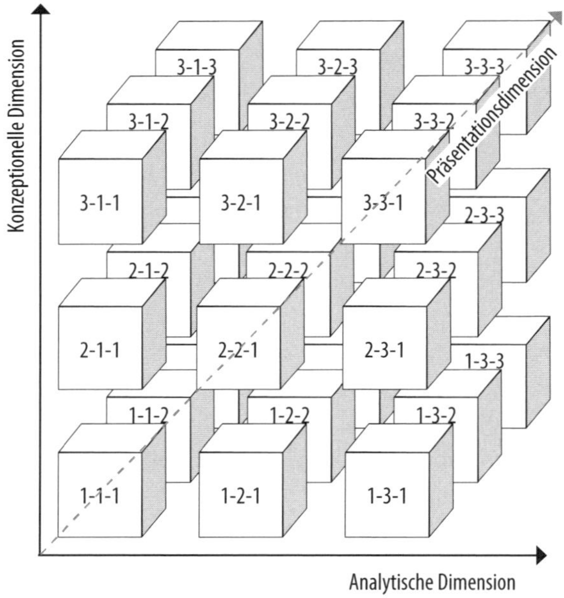

Abbildung 4: Würfel zum Schwierigkeitsgrad von Fallstudien

Stellt man die drei Dimensionen in einem Würfel dar (vgl. Mauffette-Leenders/Erskine/Leenders 2007: 17), ergeben sich 27 mögliche Kombinationen der Ausprägungen, welche es Studierenden und Dozierenden erleichtern, die vorliegenden Fallstudien einzuordnen und dadurch die potentiellen Lerneffekte abzuschätzen.

Thomas/Myers (2015: 53 ff., insbesondere 64 f.) entwickeln eine forschungsorientierte Typologie, die einerseits die Fallstudie als Subjekt im Sinne des zu untersuchenden Gegenstandes und andererseits als Objekt vor dem Hintergrund des analytischen Rahmens oder der im Fokus stehenden Theorie betrachtet. Zudem werden der Zweck der Fallstudie, der wissenschaftliche Anspruch, die darauf aufbauende Forschungsstrategie sowie die Frage, ob es sich um einen Einzelfall oder ein Mehr-Fall-Design handelt, zur Klassifizierung herangezogen. Beim Einzelfall gilt es zudem zu unterschieden, ob er retrospektiv, als Momentaufnahme oder dynamisch konzipiert ist. Bei einem Mehr-Fall-Design ist zudem relevant, ob die Fälle in ihrer Gesamtheit verglichen werden oder ob einzelne Teilaspekte im Fokus stehen sowie ob der Vergleich parallel oder sequenziell erfolgt.

3 Anwendungsmöglichkeiten der Fallstudien

3.1 Überblick

Obwohl dieses Buch auf die Erläuterung der Fallstudie als Forschungsdesign fokussiert, ist es notwendig, deren breite Anwendungsmöglichkeiten im Überblick vorzustellen, weil zwischen diesen Anwendungsbereichen erhebliche Interdependenzen bestehen. So kann eine Fallstudie besonders dann erfolgreich in der Ausbildung eingesetzt werden, wenn sie im Rahmen eines systematischen Forschungsprozesses erarbeitet oder von einem Praktiker in strukturierter Form vorgebracht wird. Es ist aber auch denkbar, dass Forschungsvorhaben durch Berichte über Beratungsprojekte, Prozesse der Organisationsentwicklung oder Maßnahmen der Unternehmenskommunikation angeregt werden.

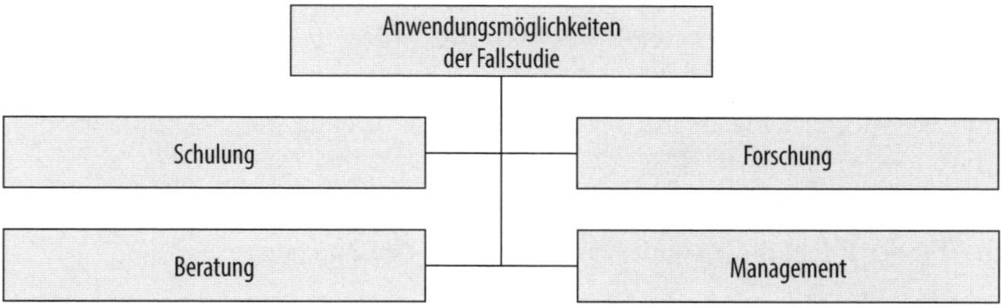

Abbildung 5: Anwendungsmöglichkeiten der Fallstudie im Überblick

3.2 Anwendungsmöglichkeiten im Einzelnen

3.2.1 Schulung

In der Hochschulausbildung findet die Fallstudie bereits seit längerer Zeit Anwendung. Während sie zuerst vor allem in der Jurisprudenz (vgl. Lynn 1999: 4 ff.) und in der Medizin (vgl. Lynn 1999: 7 ff.) zum Einsatz kam, ist dieses didaktische Instrument heute zu einem festen Bestandteil der betriebswirtschaftlichen Ausbildung geworden (vgl. Lynn 1999: 9 ff.). Erläuterungen zur Fallstudie als Instrument der Hochschulausbildung finden sich bei Applegate (1988), Lynn (1999), Naumes/Naumes (1999), Mauffette-Leenders/Erskine/Leenders (2007), Thom (2007), Wenger/Zaugg (2007), Friedrichsmeier (2020).

Die Fallstudie kann u. a. zur Illustration von Vorlesungsinhalten, als ergänzende Lektüre, in Seminaren und Übungen, zur Repetition und zur Prüfungssimulation eingesetzt werden. Die Fallmethode überbrückt die Kluft zwischen Theorie und Praxis. Sie ist eine sinnvolle Ergänzung traditioneller Lehrmethoden (wie z. B. der reine Lehrvortrag oder das Literaturstudium), da sie die aktive Beteiligung gegenüber einer rezeptiv-passiven «Konsumation» des dargebotenen Stoffes in den Vordergrund stellt. Die Studierenden werden mit realen Problemsituationen konfrontiert, die häufig durch unvollständige Information und hohe Komplexität gekennzeichnet sind. Durch die Arbeit mit Fallstudien können Studierende ihr theoretisches Wissen vertiefen, dessen Anwendung in konkreten Problemsituationen üben, ihre analytischen Fähigkeiten ausbauen und – sofern die Fallstudien in Gruppen bearbeitet werden – ihre soziale Kompetenz entwickeln. Beispiel einer reinen Fallsammmlung ohne methodischen Teil ist die Publikation von (vgl. Thommen/Rosenheck/Atteslander 2005). Häufig werden Fallsammlungen um didaktische und methodische Hinweise sowie Lösungsansätze und Theoriebausteine ergänzt (vgl. Thom/Wenger/Zaugg 2007, Zentes/Swoboda/Morschett 2011, Ritz/Blankart/Jacobs et al. 2021).

Mauffette-Leenders et al. (2007: 5 f.) nennen die folgenden acht Fähigkeiten, die mit der Fallstudie besonders gut entwickelt werden können:

- Analytical Skills
- Decision Making Skills
- Application Skills
- Oral Communication Skills
- Time Management Skills
- Interpersonal or Social Skills
- Creative Skills
- Written Communication Skills

Dass die Arbeit mit Fallstudien besonders gut zur Förderung der Problemlösungsfähigkeit geeignet ist, zeigt das folgende Zitat von Erich Kosiol: «Die Methode der praktischen Fälle fördert das selbständige Kennenlernen von Sachzusammenhängen in hohem Maße, gibt, unabhängig von der Art der Fragestellungen, ständig neue Impulse zum Nachforschen. Es gilt aufzuspüren, welche noch fehlenden Kenntnisse erworben werden müssen, wo sich Informationslücken befinden, und welche Überlegungen anzustellen sind, um die Problemlösung zu finden. Die

Aneignung des Wissens und die methodische Einkreisung erfolgen stets in selbständiger Arbeit.» (Kosiol 1957: 33).

Es versteht sich, dass die Fallstudie auch im Schulunterricht (vgl. Weitz 2000a), in der Weiterbildung und in der Managementausbildung (vgl. Reynolds 1992) eingesetzt werden kann. Im Rahmen der Schulung von höheren Führungskräften und Mitgliedern von Verwaltungs- bzw. Aufsichtsräten kommt die Fallstudie sehr häufig zur Anwendung, da sie einen wirkungsvollen Transfer von theoretischem Wissen in die praktische Anwendung im Unternehmensalltag erlaubt. Auch in der Schulung von Fachexperten und -expertinnen kommt der Fallstudie eine große Bedeutung zu, da sie dafür geeignet ist, analytische und kommunikative Fähigkeiten sowie die Teamfähigkeit zu entwickeln. Die Prüfungsordnung über die höhere Fachprüfung für Leiterin/Leiter Human Resources vom 1. November 2018 sieht in Ziffer 5.11 die schriftliche Bearbeitung einer Fallstudie während 3 Stunden sowie deren mündliche Präsentation vor.

Die Fallmethode kann die Aneignung von fachbezogenem Wissen durch konzentriertes Studium nicht ersetzen. Sie ist vielmehr als Ergänzung und Vertiefung gedacht. Aus der *Sicht der Studierenden* sind Fälle v. a. in drei Bereichen eine wertvolle Lernmethode:

- **Einsatz in Übungen oder Seminaren**
  Eine im Team erarbeitete oder zumindest diskutierte Falllösung führt einerseits zur Vertiefung des Fachwissens und andererseits zur Schulung sozialer Kompetenzen. Die Notwendigkeit der Begründung eigener Lösungsansätze in einer Gruppe erfordert die vertiefte Auseinandersetzung mit den entsprechenden theoretischen Grundlagen und fördert dadurch deren kritische Reflexion. Zudem führt diese Vorgehensweise dazu, dass die persönliche Kritik- und Kommunikationsfähigkeit geschult werden. Im Falle der gemeinsamen Erarbeitung der Falllösung lässt sich zusätzlich die Teamfähigkeit ausbauen.
- **Einsatz zur Repetition und Wissensvertiefung**
  Mittels Literaturstudium kann Fachwissen unter Umständen nicht ausreichend verankert werden. Es sind daher ergänzende Lernmethoden notwendig. Aufgrund der Tatsache, dass die theoretischen Bausteine die Grundlage zur Falllösung bilden, ermöglicht eine selbstständige Bearbeitung von Fallstudien die Identifikation von Wissenslücken und trägt gleichzeitig zu deren Überwindung bei.
- **Einsatz zur Prüfungssimulation**
  Gerade in größeren Prüfungen werden oft Falltexte eingesetzt. Die erstmalige Konfrontation mit einer Fallstudie am Prüfungstag ist vielfach die Ursache für

unbefriedigende Ergebnisse. Demgegenüber können durch eine Prüfungssimulation unter Echtbedingungen (Zeitdruck, keine Hilfsmittel) diesbezügliche Probleme antizipiert und eingeübt werden. Insbesondere die Anwendung des beschriebenen Konzeptes (vgl. Abschnitt 7) erleichtert die Entwicklung eines eigenen Vorgehensmodells.

3.2.2 Forschung

Die Fallstudie wird häufig den qualitativen Methoden der Sozialforschung zugewiesen (vgl. Merriam 2009, Lamnek/Krell 2016, Mayring 2023: 39 ff.). Aufgrund der zunehmenden Konvergenz quantitativer und qualitativer Analysen (vgl. Mayring 2001: Absatz 4 ff.) wird diese Zuordnung hier nicht nachvollzogen. Zum einen deshalb, weil der Eindruck entstehen könnte, dass im Forschungsdesign der Fallstudie keine quantitativen Methoden zum Einsatz kommen dürfen, was nicht der Fall ist, und zum anderen, weil auch quantitative Einzelfallstudien bekannt sind (vgl. Lincoln/Guba 1985, Strauss 1996). Gemäß Scholz/Tietje (2002: 3) dienen Fallstudien sogar zur Integration von qualitativem und quantitativem Wissen. Wie bereits erwähnt, wird hier die Fallstudie als Forschungsdesign und nicht nur als Methode verstanden, weil sie die Verwendung verschiedener Methoden und die Verarbeitung von qualitativen und quantitativen Daten erlaubt.

Der in Abschnitt Vorgehensheuristik in neun Schritten beschriebene Vorgehensprozess (vgl. Abschnitt 6.2) orientiert sich an den Arbeiten von Robert E. Stake (1995), Helen Simons (2009) und Robert K. Yin (2018). Im Vordergrund steht der Entwurf einer Anleitung zur Erarbeitung von Fallstudien, welche den methodologischen Anforderungen dieses Forschungsdesigns entspricht und zur besseren Vergleichbarkeit bzw. Integration von Fallstudien im Rahmen von breit angelegten explorativen Forschungsprojekten beiträgt (vgl. Zaugg 2002a: 9 f.).

3.2.3 Beratung

Auch in der Beratung findet die Fallstudie – zumindest implizit – breite Anwendung. Beratende nutzen dieses Design entweder zur systematischen Bestandsaufnahme der Ausgangslage beim Klienten (Beschreibungsfall), zur Problemdiagnose (Diagnosefall), zur Vorstellung einer Problemlösung (Problemlösungsfall), zum Vergleich alternativer Lösungsansätze (Bewertungsfall), zur Vorbereitung einer Entscheidungsgrundlage für das Management (Entscheidungsfall) oder zur detaillierten Beschreibung der zu implementierenden Lösung (Umsetzungsfall). Yin (1993: 55 ff.) nennt als weitere Anwendungsmöglichkeit die Evaluation von Programmen der öffentlichen Hand. Evaluation wird in der vorliegenden Publikation der Beratung zugewiesen, obwohl sie auch als Forschungsansatz verstanden werden kann.

Bei der Arbeit mit Best Practice, die in der Beratung eine lange Tradition hat, wird die Fallstudienmethodik ebenfalls genutzt. Sie stellt sicher, dass die bei Vergleichsfirmen oder besser Vorzeigefirmen gewonnenen Erkenntnisse systematisch erfasst und erkenntnisfördernd aufbereitet werden. Die Fallstudie hat hier den Zweck, der Klientenfirma aufzuzeigen, wie andere Unternehmen das zur Diskussion stehende Problem – idealerweise erfolgreich – gelöst haben und sie dadurch zur Identifikation einer eigenen passgenauen Lösung zu inspirieren. Besonders wertvoll wäre es natürlich, auch gescheiterte Lösungsansätze zu erfahren, die in einer Fallstudie detailliert beschrieben sind. Es entspricht aber häufig nicht sozialen Normen, über Misserfolge zu berichten, daher sind diese Fallstudien eher selten. Mit der Bewegung der sogenannten «Fuckup- oder Failure-Nights» bietet sich eine Plattform zum Austausch über Misserfolge. 2019 fanden solche Veranstaltungen in 86 Ländern und 318 Städten statt (Stand: 15. Mai 2019). Dabei wurden über 1 500 Misserfolge vorgestellt und von knapp 190 000 Teilnehmenden gehört. Diskussionen über die «Kunst des Scheiterns» jenseits von Lebensbeichten in autobiografischen Werken gewinnen dadurch auch für betriebswirtschaftlich interessierte Kreise an Bedeutung.

Erfolgreiche Beratungsprojekte werden zudem in der Form von Fallstudien aufbereitet und im Rahmen der Unternehmenskommunikation zu Werbezwecken (vgl. Abschnitt 3.2.4.2) verwendet. Hentze/Kammel (2001: 394) erwähnen die aktualisierte Fallmethode (Living Case Method) und bemerken, dass diese Form der Fallstudienbearbeitung der Tätigkeit eines Unternehmensberaters sehr nahekommt. Best Practice Cases nehmen für sich in Anspruch, die bestmögliche, bereits implementierte und auf ihre Praxistauglichkeit hin getestete Lösung für eine spezifische Problemstellung bereitzustellen. Häufig genügen diese Fallstudien wissenschaftlichen Anforderungen nur bedingt. Sie dienen vor allem zur Illustration und Anregung.

Die Fallstudie lässt sich im Sinne der Aktionsforschung (vgl. Kühn/Grünig 1986) auch gleichzeitig als Beratungsinstrument und als Forschungsmethode einsetzen. Backhaus/Plinke (1977: 616) haben in einem Beitrag zur Fallstudie als Kooperationsfeld von Hochschule und Praxis aufgezeigt, dass die «(…) Fallstudie in der Lage (ist), (...) Kooperationshemmnisse zu überwinden, indem sie Verständigungsschwierigkeiten zwischen Praxis und Hochschule abbaut und durch Nutzenstiftung für beide Seiten bei begrenztem Aufwand eine wenigstens partielle Interessenharmonie bewirkt.» Die Risiken der Aktionsforschung, wie der Verlust der Objektivität des Forschenden oder die Beeinflussung des Untersuchungsgegenstandes durch den Forschenden sind durch eine gewissenhafte Dokumentation des methodischen Vorgehens und durch vorsichtige Interpretationen zu minimieren. Ganz ausschalten lassen sie sich nicht.

3.2.4 Management

3.2.4.1 Unternehmensführung und -entwicklung

Das Survey-Guided Feedback (vgl. Likert 1967, Bowers 1973, Bowers/Franklin 1977) oder die partizipative Unternehmensentwicklung können die Fallstudie als Technik des evolutionären, organisationalen Wandels einsetzen. Diese Form des Wandels geht davon aus, dass soziale Systeme sich nur in einem längerfristigen Prozess unter Beteiligung der betroffenen Mitarbeitenden nachhaltig verändern können. Im Survey-Guided Feedback werden Informationen über die eigene Organisation an die Mitarbeitenden zurückgekoppelt, um bei ihnen ein Problembewusstsein («Sense of Urgency»), eine systematische Problemdiagnose und die Identifikation von Handlungsalternativen auszulösen. Der Beschreibungs- und der Diagnosefall sind für diesen Zweck durchaus geeignet. Es ist zudem denkbar, dass Mitarbeitende aller Stufen mit der Erarbeitung eines Bewertungs- oder Entscheidungsfalles beauftragt werden. Sie können dadurch ihre Sachkenntnis in den Prozess einfließen lassen, tragen Verantwortung für die Entwicklung des eigenen Unternehmens und fördern die Akzeptanz der Lösungsansätze bei der breiten Mitarbeiterschaft. In der Form von Szenarien und Simulationen beschäftigen sich auch Geschäftsleitungen mit besonderen Formen der Fallstudie, die weitreichende Konsequenzen für die Unternehmensentwicklung haben können. Häufig führen sogenannte Business Cases zu Entscheidungen der strategischen Unternehmensführung. Es handelt sich dabei um nichts anderes als Entscheidungsfälle oder Umsetzungsfälle, die allerdings nicht von einer implementierten Problemlösung, sondern von einer möglichen Problemlösung bzw. Geschäftsmöglichkeit (Business Opportunity) ausgehen. Den finanziellen Aspekten wird im Business Case in der Regel ein großer Stellenwert eingeräumt.

Eine besondere Form der Nutzung von Fallstudien in der Unternehmensentwicklung stellt das Business Wargaming dar (vgl. Oriesek/Schwarz 2008, 2009). Im Kern geht es darum, dass Mitglieder einer Organisation in Teams Zukunftsperspektiven entwickeln und diese in einem Wettbewerb gegeneinander antreten lassen. Diese Simulation führt im Idealfall zu einer validierten Bewertung der Zukunft und einer umsichtigen Ableitung von Handlungsempfehlungen bei erheblicher Unsicherheit. In Zeiten hoher Diskontinuität und Dynamik (VUCA-Welt) sind die angemessene Analyse von Entwicklungen und die strategische Planung zentrale Erfolgsfaktoren der Unternehmensentwicklung. In der hier verwendeten Terminologie handelt es sich beim Ergebnis des Business Wargaming wohl um einen Entscheidungsfall mit Umsetzungshinweisen.

3.2.4.2 Unternehmenskommunikation

Erfolgreich umgesetzte Problemlösungen werden von den jeweiligen Unternehmen häufig auch aus eigenem Antrieb in Fallstudien aufbereitet und veröffentlicht. Die große Zahl von Sammelwerken, die neben einem konzeptionell-theoretischen Teil häufig auch einen Praxisteil mit Fallstudien enthalten, sowie Praxisberichte in Fachzeitschriften (vgl. z. B. Zaugg 1998) belegen diese Aussage. Die Unternehmen bzw. deren Vertreter versprechen sich von diesen Veröffentlichungen einen Imagegewinn, Akquisitionsvorteile auf den Produkt- und Arbeitsmärkten, die gezielte Vermittlung von Werbebotschaften sowie eine erleichterte Kontaktaufnahme durch Interessierte. Insbesondere Beratungsunternehmen nutzen dieses Kommunikationsinstrument sehr intensiv. Sie veröffentlichen entweder eigene Fachzeitschriften wie beispielsweise das McKinsey Quarterly oder beliefern Managerzeitschriften regelmäßig mit Fallstudien. Bedenkt man den verhältnismäßig großen Aufwand für die Erarbeitung einer Fallstudie und die hohen Stundenansätze von Beratenden, muss diese Rechnung wohl aufgehen. Sonst würden Beratungsunternehmen nicht dieses Kommunikationsinstrument wählen.

Durch die Veröffentlichung in internen Medien (z. B. Mitarbeiterzeitung, Intranet, Anschlagbrett) wird die Fallstudie auch zum Instrument der innerbetrieblichen Kommunikation. So lassen sich u. a. Botschaften der Unternehmenskultur in Fallstudien transportieren («Wir sind innovativ!»), das Wissen der Mitarbeitenden über Unternehmensprozesse oder andere Bereiche vertiefen sowie herausragende Leistungen eines Teams oder einer Person anerkennen. Aus der Innovationsforschung ist bekannt, dass sich Mitarbeitende durch innovative Leistungen zu weiteren Innovationen anregen lassen.

3.2.4.3 Personalmanagement

Auch im Personalmanagement finden Fallstudien Anwendung. Sie lassen sich in der Personalauswahl (vgl. Finzer/Mungenast 1992: 1590, Klimecki/Gmür 2005, Domsch/Ladwig 2013), der Personalentwicklung (vgl. Berthel 1992: 894, Mag 1992: 695, Mentzel 1992: 2218, Hentze/Kammel 2001: 393 f., Scholz 2014: 585, Berthel/Becker 2022: 649) und im Personalmarketing verwenden.

Als Selektionsinstrument sind Fallstudien vor allem dann geeignet, wenn es um die Beurteilung der Analysefähigkeit, des Entscheidungsverhaltens (vgl. Mentzel 1997: 192) und der Problemlösungsfähigkeit geht. Bei der Bearbeitung in einer Gruppe lassen sich zudem die Teamfähigkeit, die Kommunikationsfähigkeit und die Konfliktfähigkeit beobachten. Die abschließende Präsentation der Falllösung liefert Aufschluss über die Präsentationsfähigkeit. Als Postkorbübung (vgl. Obermann 2018: 429 ff.) testet die Fallstudie die Fähigkeit einer Person, Prioritäten zu setzen, zu delegieren und unter Zeitdruck Entscheidungen zu fällen (vgl. Mentzel 1992: 2215). Assessment Center beinhalten häufig Fallstudien als eines von mehreren Auswahlverfahren.

Genauso wie die Fallstudie dazu geeignet ist, die erwähnten Fähigkeiten und Persönlichkeitsaspekte im Rahmen der Personalauswahl zu überprüfen, kann sie auch zu deren Schulung im Rahmen der Personalentwicklung dienen. Berthel/Becker (2022: 649) weisen darauf hin, dass es bei der Anwendung der Fallstudie weniger um die Wissensvermittlung, sondern vielmehr um die Umsetzung theoretischen Wissens in praktische Problemlösungen geht. Fallstudien dürften aufgrund der von ihnen geförderten Kompetenzen vor allem in der Führungskräfteentwicklung zum Einsatz kommen. Allerdings lassen sich Beschreibungsfälle auch als Anschauungsmaterial im Rahmen der Fachausbildung einsetzen.

Im Bestreben, die am Arbeitsmarkt stark umworbenen Nachwuchskräfte frühzeitig zu identifizieren und an das Unternehmen zu binden, nutzen Firmen Fallstudien zunehmend auch als Instrument des Personalmarketings. Sie erklären sich dazu bereit, mit Studierenden in Fallstudien zusammenzuarbeiten und die notwendigen Informationen zur Verfügung zu stellen, oder laden Gruppen von Studierenden sogar zu Fallstudientrainings ein. Während der Fallbearbeitung werden die Studierenden systematisch beobachtet, Personen mit überdurchschnittlichem Potential identifiziert und gelegentlich auch rekrutiert. Hinzu kommt, dass Studierende die Bereitschaft eines Unternehmens zur Kooperation positiv wahrnehmen. Daraus resultiert wiederum ein höheres akquisitorisches Potenzial am Arbeitsmarkt. Schließlich bietet die Fallstudie auch attraktive Möglichkeiten, die eigene Firma in einem guten Licht darzustellen. Eine aus Marketinggründen «optimierte»

Fallstudie genügt allerdings wissenschaftlichen Ansprüchen hinsichtlich intersubjektiver Nachvollziehbarkeit und Neutralität häufig nicht.

3.2.4.4 Change-Management

Storytelling – oder breiter – narrative Methoden sind in der systemischen Organisationsberatung wichtige Verfahren des Veränderungsmanagements (vgl. Müller 2017, Erlach/Müller 2020a, b). Es liegt daher nahe, auch die Fallstudie als Instrument des Change-Managements zu positionieren. Ausgehend von den Phasen einer Organisationsveränderung (vgl. Abbildung 6) bieten sich verschiedene Ansatzpunkte für die Nutzung von Fallstudien.

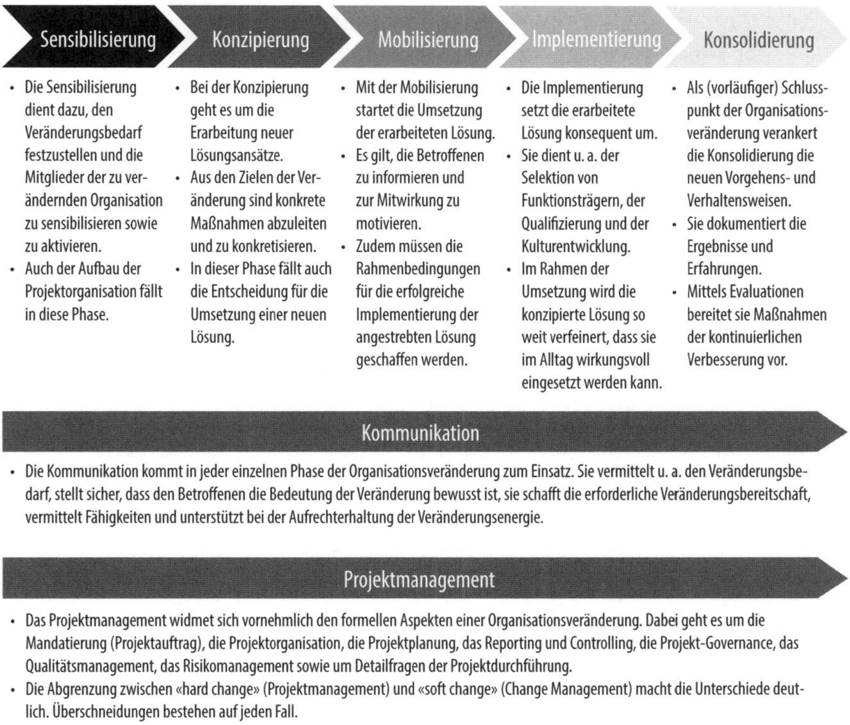

Abbildung 6: Phasen der Organisationsveränderung

- *Sensibilisierung:* Fallstudien zu gescheiterten Projekten im eigenen Betrieb oder von Unternehmen in vergleichbaren Situationen können dazu dienen, ein Dringlichkeitsgefühl für notwendige Veränderungen bei den Mitarbeitenden zu erzeugen. Nur wenn Mitarbeitende verstehen, warum ein Veränderungsbedarf besteht, werden sie bereit sein, entsprechende Maßnahmen mitzutragen.

- *Konzipierung:* Wenn es darum geht, die künftige Lösung zu erarbeiten, kann die ganze Bandbreite möglicher Formen von Fallstudien zum Einsatz kommen (vgl. Abbildung 3). Liegt der Fokus des Vorhabens in der Analyse der zugrundeliegenden Probleme, ist der Problemerkennungsfall sicherlich hilfreich. Geht es um die Erarbeitung von konkreten Maßnahmen, ist der Umsetzungsfall die richtige Form.
- *Mobilisierung:* In dieser Phase ist die Ausgangslange für den Fallstudieneinsatz ähnlich wie bei der Sensibilisierung. Es gilt, Mitarbeitenden aufzuzeigen, dass ihre aktive Mitwirkung notwendig ist und sie darüber zu informieren, wie der konkrete Lösungsweg aussieht. Während es bei der Konzipierung um konkrete Inhalte ging, steht bei der Mobilisierung wohl die Fallstudie als Mittel der Kommunikation im Vordergrund.
- *Implementierung:* Bei der Umsetzung der gewählten Lösung – die in der Regel lange Zeit beansprucht – werden die beteiligten Personen immer wieder auf den Umsetzungsfall zurückgreifen, um nicht die Richtung oder Übersicht zu verlieren und die Einzelaktivitäten mit der Gesamtplanung abzustimmen. Zudem können Best-Practice-Fälle mithelfen, die Motivation während der Implementierung hochzuhalten. Sie zeigen, dass es anderen Unternehmen gelungen ist, die identifizierten Probleme zu überwinden.
- *Konsolidierung:* Die systematische Dokumentation von abgeschlossenen Veränderungsprojekten kommt häufig zu kurz, weil bereits das nächste Vorhaben vor der Tür steht. Dabei wäre es im Sinne des organisationalen Lernens so wichtig, dass die gewonnenen Erfahrungen dokumentiert und die umgesetzten Lösungen ausführlich beschrieben werden. Nur so ist sichergestellt, dass bei künftigen Projekten die gleichen Fehler nicht noch einmal gemacht werden und dass die Vorhaben aufeinander aufbauen. Die Fallstudie – hier als Projektabschlussbericht verstanden – trägt dazu bei, implizites Change-Management Wissen explizit zu machen. Dieser auch als Externalisierung bezeichnete Vorgang ist eine wichtige Form der Wissensübertragung (vgl. Nonaka/Takeuchi 1995: 66 ff., Osterloh/Wübker 1999: 68 ff.).
- *Kommunikation:* Diese phasenübergreifende Aktivität des Change-Managements wurde bereits erwähnt. Der Wert der Fallstudie als Mittel oder zumindest Inhalt der Kommunikation ist unbestritten. Es geht hier um die Schaffung eines Dringlichkeitsgefühls bzw. das Aufzeigen von Veränderungsbedarf, um

den Aufbau und Erhalt von Veränderungsenergie und um die professionelle Dokumentation der erzielten Ergebnisse und Erfahrungen.
- *Projektmanagement:* Je nachdem, ob Aspekte des «Hard Change» oder des «Soft Change» beim Projektmanagement im Vordergrund stehen und ob ein eher traditionelles Projektmanagement oder agile Methoden wie Scrum (vgl. z. B. Pichler 2008) eingesetzt werden, dürfte die Fallstudie häufiger oder seltener zum Einsatz kommen. Sie eignet sich eher für Soft Change-Themen und agile Settings.

Es zeigt sich, dass die Bandbreite der Einsatzmöglichkeiten von Fallstudien im Change-Management groß ist. Unabhängig davon, in welcher Phase der Organisationsveränderung dieses Instrument verwendet wird, kommt der gewissenhaften Anwendung der Fallstudienmethodik eine große Bedeutung zu. Nur so sind Fallstudien glaubwürdig, fundiert, intersubjektiv nachvollziehbar, ergiebig und unterhaltsam.

4 Fallstudien als Design der explorativen Forschung

4.1 Fallstudien und explorative Forschung

Die Fallstudie lässt sich in der explorativen Forschung (vgl. de Vaus 2001: 219) auf verschiedenen Erkenntnisstufen einsetzen (vgl. Grochla 1978: 68 ff.). Sie ist besonders zur Untersuchung neuer, noch wenig bearbeiteter Fragestellungen geeignet (vgl. Eisenhardt 1989: 532). Auf der Ebene der begrifflichen Aussagen (1. Stufe) dient sie durch die Festlegung der Begrifflichkeiten zu einer ersten Abgrenzung des Untersuchungsgegenstandes. Sie verwendet deskriptive Aussagen (2. Stufe), um den Untersuchungsgegenstand zu beschreiben und Hypothesen zu generieren. Im Rahmen von explanatorischen Aussagensystemen (3. Stufe) ergänzt die Fallstudie Annahmen über Wirkungszusammenhänge und reichert diese inhaltlich an. Da aus der Erforschung eines einzelnen Falles keine generell gültigen Aussagen (4. Stufe) abgeleitet werden können (Problem der Induktion), konzentriert sich die Fallstudie darauf, Variablen zu operationalisieren, Theorien oder Hypothesen zu präzisieren und diese anhand von praktischen Beispielen zu illustrieren (vgl. Kromrey/Roose/Strübing 2016: 105).

George/Bennett (2004: 19) haben die Bedeutung der Fallstudie im Zusammenhang mit der Entwicklung und Überprüfung von Hypothesen treffend auf den Punkt gebracht: «Case studies are generally strong precisely where statistical methods and formal models are weak. We identify four strong advantages of case methods that make them valuable in testing hypotheses and particularly useful for theory development: their potential for achieving high conceptual validity; the strong procedures for fostering new hypotheses; their value as a useful means to closely examine the hypothesized role of causal mechanisms in the context of individual cases; and their capacity for addressing causal complexity.»

Die Generalisierbarkeit der Ergebnisse von Fallstudien kann durch Mehr-Fall-Designs (vgl. Boos 1993: 39 und 43) oder vergleichende Fallstudien gesteigert werden. Die vorliegende Publikation möchte durch den Entwurf eine Fallstudienmethodik im Entdeckungszusammenhang dazu beitragen, die Vergleichbarkeit und Generalisierbarkeit von Fallstudien zu erhöhen.

Bei der Erarbeitung von Fallstudien können sowohl eine sachlich-analytische als auch eine empirische und mit Einschränkungen auch eine formal-analytische Forschungsstrategie zum Einsatz kommen.

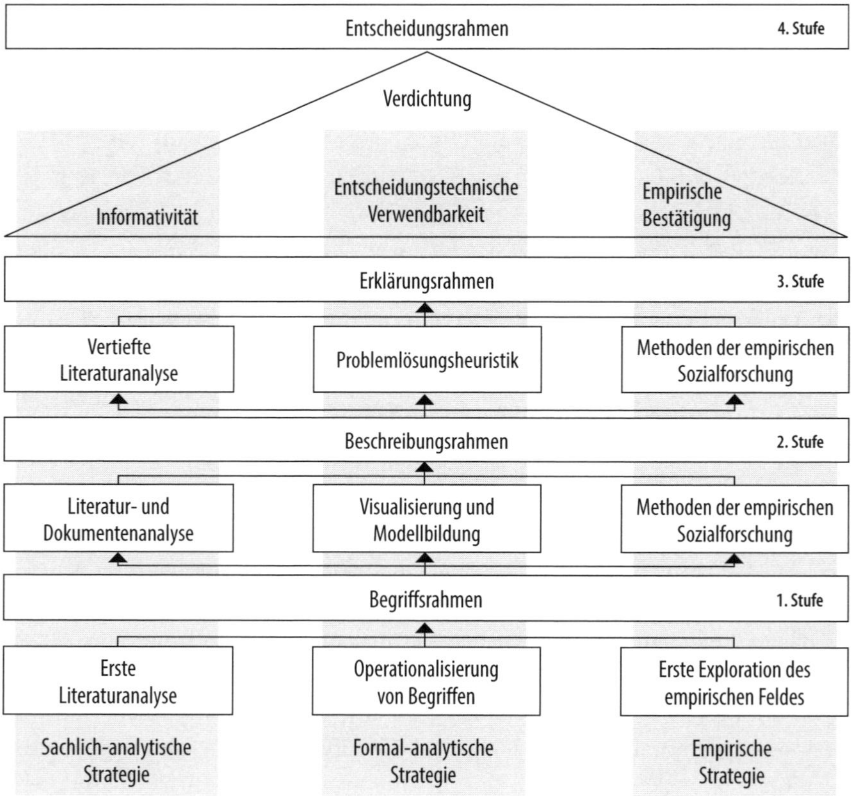

Abbildung 7: Arten von Bezugsrahmen und Forschungsstrategien

Die sachlich-analytische Forschungsstrategie ist «(…) auf die Durchdringung komplexer Zusammenhänge und die Erarbeitung von Handlungsgrundlagen (…)» (Grochla 1978: 72) ausgerichtet. Sie dient der laufenden Präzisierung und Ergänzung der Elemente des Bezugsrahmens, ohne sie allerdings empirisch zu überprüfen. Sie basiert auf einem kontinuierlichen Denkprozess, der von bekannten Variablen ausgeht, diese abwechselnd präzisiert und erweitert, um anschließend zu neuen Variablen und Annahmen über Wirkungszusammenhänge zu gelangen, die wiederum präzisiert und erweitert werden usw. Bezogen auf die

Entwicklung von Fallstudien dient die sachlich-analytische Forschungsstrategie zur Erarbeitung eines Grundverständnisses der Forschungsfragestellung. Sie bedient sich dabei einer systematischen Literaturanalyse. Hierzu zwei wichtige Anmerkungen: 1) Forschende müssen immer deutlich kennzeichnen, wann sie auf Gedankengut aus der Literatur zurückgreifen und wann sie empirische Erkenntnisse wiedergeben. Anderenfalls entsteht eine ungewollte Verfremdung der Fallstudie. 2) Die Entwicklung authentischer Fallstudien verlangt von den Forschenden eine große Offenheit gegenüber neuen Ideen, Ergänzungen und Revisionen. Mayring (2023: 26) spricht von einer Offenheit auf einer theoretischen und einer methodischen Ebene. Theoretische Offenheit bedeutet die Bereitschaft, Annahmen im Laufe des Forschungsprozesses zu revidieren. Methodische Offenheit ist dann gegeben, wenn Forschende willens sind, die eingesetzten Forschungsmethoden laufend kritisch zu hinterfragen und zu ergänzen, wenn dadurch eine bessere Durchdringung des Forschungsgegenstandes möglich wird. Sie müssen bereit sein, ihren Bezugsrahmen (vgl. Zaugg 2002a: 9 ff.) im Laufe des Forschungsprozesses anzupassen. Damit ist nicht die «Ex-Post-Theoretisierung» falscher Ausgangsannahmen gemeint. Es geht vielmehr darum, neue Erkenntnisse über den Untersuchungsgegenstand im weiterentwickelten Bezugsrahmen festzuhalten (vgl. Abschnitt 5.7). Ein zu starres Festhalten an den Ergebnissen einer zu Beginn der Fallstudie durchgeführten Literaturanalyse kann den Erkenntnisfortschritt bremsen.

Die *empirische Forschungsstrategie* ist auf die empirische Bestätigung der als relevant erachteten Variablen und der Kausalzusammenhänge zwischen diesen Variablen ausgerichtet. Auf einer deskriptiven Stufe dient sie zur realitätsnahen Beschreibung des Untersuchungsgegenstandes. Wenn es zudem gelingt, in einer Fallstudie Annahmen über Wirkungsbeziehungen zu präzisieren und argumentativ abzusichern, stößt diese, zumindest partiell, auf die Ebene von explanatorischen Aussagen vor. Es ist allerdings detailliert zu erläutern, unter welchen Bedingungen, d. h. für welchen präzise abgegrenzten Gegenstandsbereich die postulierten Ursache-Wirkungs-Zusammenhänge beobachtet werden konnten. Der empirischen Forschungsstrategie steht eine große Fülle von Methoden und Techniken der Sozialforschung zur Verfügung. Es gilt, zwischen Verfahren der Stichprobenauswahl, Erhebungsverfahren, Aufbereitungsverfahren, Auswertungsverfahren und Darstellungsverfahren zu unterscheiden.

Die *formal-analytische Forschungsstrategie* ist «(…) an der vereinfachten und mehr oder weniger abstrakten Beschreibung von Problemstrukturen interessiert.» (Grochla 1978: 85). Das im Vordergrund stehende Ziel der entscheidungstechnischen Verwendbarkeit kann erreicht werden, indem Forschende Modelle konzipieren, die auf den Ergebnissen der sachlich-analytischen und der empirischen Forschungsstrategie aufbauen. Der Anspruch einer möglichst realitätsgetreuen Darstellung des Forschungsgegenstandes wird zugunsten einer entscheidungs- und problemlösungsorientierten Betrachtungsweise in den Hintergrund gerückt. Aus diesem Grund ist die formal-analytische Forschungsstrategie für die Erarbeitung von Fallstudien nur bedingt geeignet. Sie kann immerhin dabei helfen, komplexe Sachverhalte in vereinfachten Modellen zu visualisieren und gewonnene Erkenntnisse in Checklisten ohne Allgemeingültigkeitsanspruch prägnant aufzubereiten.

4.2 Anforderungen an die Fallstudie als Forschungsdesign

Da sich die Fallstudie sowohl qualitativer als auch quantitativer Techniken der Sozialforschung bedient und die eindeutige Abgrenzung dieser beiden Ausrichtungen zunehmend erschwert ist (vgl. Mayring 2001), wird die Fallstudie bewusst nicht einem dieser beiden Kategorien zugeordnet. Es zeigt sich aber, dass bei der Erarbeitung von Fallstudien häufiger qualitative Verfahren zur Anwendung kommen als quantitative Techniken, und zudem die Stichproben sehr klein sind. Aus diesem Grund ist es sinnvoll, diese Strategie der Sozialforschung an den Maßstäben der qualitativen Forschung zu messen.

Mayring (2023: 23 ff.) nennt 13 Säulen des qualitativen Denkens:

1. *Einzelfallbezogenheit:* Laufende Überprüfung der Verfahrensweisen und der Ergebnisinterpretation durch Konfrontation mit konkreten Einzelfällen.
2. *Offenheit* gegenüber neuen Ideen und Anpassungen des Bezugsrahmens.
3. *Methodenkontrolle:* Explizite und detaillierte Dokumentation aller Verfahrensschritte (Grund: Intersubjektive Nachvollziehbarkeit).
4. Offenlegung des *Vorverständnisses* der Forschenden.
5. *Introspektion:* Berücksichtigung von «inneren Wahrnehmungen» der Forschenden, die allerdings als solche gekennzeichnet und begründet werden müssen.
6. Der Wechsel von einer reinen Perspektive der Beobachtenden in die Perspektive von Teilnehmenden kann auch als Steigerung *der Forschenden-Gegenstands-Interaktion* bezeichnet werden.

7. *Erfassung ganzheitlicher Phänomene* anstelle einer analytischen Abgrenzung von Variablen.
8. Berücksichtigung der geschichtlichen Dimension eines Forschungsgegenstandes *(Historizität).*
9. Fokussierung auf Themenstellungen, die zur Bewältigung praktischer Problemstellungen beitragen *(Problemorientierung).*
10. *Argumentative Verallgemeinerung:* Klare Kennzeichnung, unter welchen Bedingungen und Zielen welche Maßnahmen welche Effekte erzielen.
11. Die qualitative Forschung lässt um- und vorsichtige Schlüsse von Einzelfällen auf Allgemeingültigkeit im Sinne der *Induktion* zu. Diese Schlüsse müssen aber gewissenhaft dokumentiert sein und eine Überprüfung – allenfalls im Rahmen quantitativer Studien – erlauben.
12. Anstelle von mathematischen Gleichungen im Sinne der Naturwissenschaft treten *kontextabhängige Regeln.*
13. Schaffung von Voraussetzungen zur sinnvollen *Quantifizierung* und Absicherung mittels quantitativer Analysen.

Ergänzend zu den Anforderungen der qualitativen Forschung sind drei weitere Merkmale der Fallstudienmethode zu erwähnen (vgl. Blum 1999: 269). Es sind dies die Kontextabhängigkeit des untersuchten Phänomens, die Triangulation von Methoden und Perspektiven (vgl. Flick 2008) sowie die Erforschung einer im Hinblick auf wissenschaftliche Perspektiven abgegrenzten sozialen Einheit mit einer spezifischen Fragestellung (vgl. auch Boos 1993: 35). Das Merkmal der *Kontextabhängigkeit* deckt sich sehr gut mit den Anforderungen zur Erfassung ganzheitlicher Phänomene (vgl. Mayring 2023: 30). Dies ist mit ein Grund dafür, dass sich die Nutzung des Bezugsrahmens als Heuristik der explorativen Forschung (vgl. Zaugg 2002a) im Zusammenhang mit der Erarbeitung von Fallstudien bewährt hat. Bezugsrahmen erlauben die Konstruktion eines Netzes von unterschiedlich bewährten und präzisierten Hypothesen. Sie sind als Strukturierungshilfen sehr geeignet.

Mit dem Merkmal der *Triangulation* von Methoden und Perspektiven (vgl. Stake 1995: 107 ff., Yin 2018: 126 ff.) ist die Forderung nach einem methodisch-konzeptionellen Pluralismus angedeutet, wie ihn beispielsweise Grochla oder Kubicek für die Betriebswirtschaftslehre schon vor über 45 Jahren gefordert haben (vgl. Kubicek 1977, Grochla 1978). Im Sinne der intersubjektiven Nachvollziehbarkeit und der Methodenkontrolle müssen die angewandten Methoden, die ergriffenen Prozessschritte und die eingenommenen Perspektiven äußerst gewissenhaft dokumentiert und begründet werden. Eisenhardt (1989: 538) sieht den Vorteil der Triangulation darin, dass «(…) multiple data collection methods provide(s) stronger substantiation of constructs and hypotheses.»

Fallstudien können verschiedenste Untersuchungseinheiten zum Gegenstand haben (Einzelpersonen, Personengruppen, Organisationen etc.) und auf verschiedene Inhalte ausgerichtet sein. Es ist daher sehr wichtig, eindeutig festzulegen, was der Fall ist. Die *Abgrenzung der Fallstudie* hinsichtlich Untersuchungseinheit und einer spezifischen Fragestellung wird in der wissenschaftlichen Diskussion mit dem Begriff «Bounding Problem» umschrieben (vgl. Lincoln/Guba 1985, Yin 2018: 27 ff.).

4.3 Qualitative Sozialforschung

4.3.1 Vorbemerkungen

In der Literatur wurde in der Vergangenheit häufig zwischen einer qualitativen und quantitativen Sozialforschung unterschieden (vgl. Becker 1993: 112), wobei als Abgrenzungskriterien das Skalenniveau oder die Zahl der untersuchten Fälle (Stichprobengröße) dienten. Dass auch dieses Kriterium keine eindeutige Abgrenzung erlaubt, zeigt Mayring, der dafür plädiert, nicht nach Abgrenzungen zwischen der qualitativen und der quantitativen Sozialforschung, sondern nach Verbindungslinien zu suchen (vgl. Mayring 2001: Absatz 4 ff.). Es versteht sich, dass die Grenzen zwischen qualitativen und quantitativen Methoden der Sozialforschung zum Teil fließend sind. In jüngerer Zeit wird vermehrt auf die Kombination und Integration qualitativer und quantitativer Methoden hingearbeitet (vgl. Mayring 2001).

Die qualitative oder interpretative Sozialforschung (vgl. Spöhring 1989, Heinze 1995, Lamnek/Krell 2016, Flick 2017, Flick/Kardorff/Steinke 2017, Mayring 2023) ersetzt die Perspektive der Beobachtenden – zumindest teilweise – durch die Perspektive der Teilnehmenden (vgl. Osterloh/Tiemann 1993: 95).

4.3.2 Kritik an quantitativen Methoden als Ansatzpunkt für qualitative Verfahren

William J. Filstead beschreibt in der Einleitung zu dem von ihm vor über 50 Jahren herausgegebenen Sammelwerk zur qualitativen Methodologie pointiert, dass quantitative Messbarkeit nicht automatisch zu Erkenntnis führt. «This book has two purposes: first, to examine the many facets of a methodology approach to reality I have chosen to call qualitative methodology, and secondly, to provoke those who measure everything and understand nothing.» (Filstead 1971: vii) Viele Personen haben schon einmal einen Fragebogen ausgefüllt. Häufig findet sich in solchen Fragebogen die Antwortkategorie «Weiß nicht». Wer diese Kategorie ankreuzt, stellt quantitativ orientierte Forschende bei der Interpretation vor das Problem, dass diese Antwort mehrere Bedeutungen haben kann (vgl. Lamnek/Krell 2016: 20):

Die antwortende Person …

- weiß die Antwort auf die gestellte Fragte nicht.
- hat die Frage nicht verstanden.
- hat keine Lust, über die Antwort auf die Frage nachzudenken.
- kann ihre Antwort nicht in das vorgegebene Antwortschema einordnen.
- hat die Antwortfelder von ihrer einjährigen Tochter ankreuzen lassen, die nach dem Zufallsprinzip vorgegangen ist.
- will eigentlich gar nicht antworten und wählt eine sozial akzeptierte Form des Nichtantwortens.
- etc.

Es zeigt sich, dass es für seriös arbeitende Forschende praktisch unmöglich ist, diese Meinungsäußerung korrekt zu interpretieren. Genau an diesem Punkt setzen qualitative Methoden der Sozialforschung an. Sie betrachten den Forschungsgegenstand als Subjekt und interagieren häufig bewusst mit ihm. Forschung wird als kommunikativer Akt verstanden. Die qualitative Forschung ist bereit, ihre Position im Forschungsprozess zu entwickeln. Es geht nicht um die Verifikation oder Falsifikation einer Hypothese, sondern um das explorative Erkennen und Verstehen des Gegenstandes. Durch ihre Offenheit und Reflexivität gelingt es der qualitativen Sozialforschung, verschiedene Perspektiven einzunehmen und mehrere Methoden einzusetzen. Dieser als Triangulation bezeichnete Vorgang führt zu inhaltsreichen und praxisnahen Aussagen zum Forschungsgegenstand.

Der quantitativen Forschung wird vorgeworfen, sie fokussiere auf das Gegebene und diene vornehmlich zur Bestätigung expliziter und impliziter Hypothesen der Forschenden. Das zeigt sich beispielsweise daran, dass bei quantitativen Forschungsprojekten viel häufiger signifikante Zusammenhänge diskutiert werden als nicht Signifikante. Wenige Forscher schreiben einen Artikel darüber, dass sich ihre Hypothesen nicht verifizieren lassen. Latente Sinnstrukturen werden bei quantitativen Analysen häufig ausgeschlossen (vgl. Lamnek/Krell 2016: 22). Aufgrund der Orientierung am bestehenden Theoriegerüst führt die quantitative Forschung zu einer Verdoppelung der Realität und einer Herrschaftsstabilisierung. Ein weiterer Vorwurf ist die Vernachlässigung der vorwissenschaftlich und lebensgeschichtlich erworbenen Erfahrung in quantitativen Forschungsprozessen. Diese wird in der qualitativen Forschung explizit gefördert und mittels Dokumentation intersubjektiv nachvollziehbar gemacht.

Insgesamt dürfte die qualitative Sozialforschung zu praxisorientierteren Forschungsergebnissen führen als die quantitative, weil sie eine wesentlich größere Nähe zum Gegenstand anstrebt. Es geht nicht darum, deduktiv Gesetzmäßigkeiten abzuleiten, sondern induktiv aufschlussreiche, anregende und erkenntnisfördernde Fälle aufzuzeigen. So erfreuen sich Fallstudien oder «Best Practice»-Darstellungen in der betrieblichen Praxis großer Beliebtheit. Die Praxisorientierung steigt auch dadurch, dass die qualitative Forschung dem Forschungsgegenstand Subjektcharakter zuweist und ihn nicht als Objekt betrachtet. Durch diese engere Beziehung und den gegenseitigen Austausch steigen die Anwendbarkeit der gewonnenen Erkenntnisse und deren Informativität.

Quantitative Methoden erliegen zudem nicht selten der Gefahr einer unangemessenen Operationalisierung von Variablen, die gar nicht mehr hinterfragt wird. Dieser «Messfetischismus» (Lamnek/Krell 2016: 25) kann dazu führen, dass zwar sehr genaue Forschungsergebnisse vorliegen, deren Sinnhaftigkeit und Validität aber nicht gegeben sind. So etwa im Sinn: «Ich habe vermutlich das Falsche gemessen, dafür aber sehr präzise.» Die Orientierung an einem naturwissenschaftlichen Forschungsverständnis wird den Sozialwissenschaften nicht gerecht. Aus diesem Grund sind quantitative Verfahren im Rahmen einer umfassenden Forschungsstrategie um qualitative Methoden zu ergänzen, damit sie dem Messgegenstand angemessen Rechnung tragen.

4.3.3 Grundlagen der qualitativen Sozialforschung

Eine wichtige soziologisch-theoretische Voraussetzung der qualitativen Sozialforschung ist das interpretative Paradigma. Im Gegensatz zum normativen Paradigma, welches mittels quantitativ-standardisierter Forschungsmethoden eine außerhalb der Interpretation existierende, objektive Realität postuliert, versteht das interpretative Paradigma soziale Wirklichkeit als durch Interpretation konstruiert (Lamnek/Krell 2016: 46). Der eng mit dem interpretativen Paradigma verbundene und auf Mead (1973) und Blumer (1981) zurückgehende symbolische Interaktionismus basiert auf der Grundidee, dass die Bedeutung von sozialen Objekten, Situationen und Beziehungen aus symbolisch vermittelten Interaktions- bzw. Kommunikationsprozessen hervorgeht und stark vom situativen Kontext abhängig ist.

Die im Zusammenhang mit qualitativer Forschung ebenfalls häufig erwähnte Grounded Theory bzw. gegenstandsbezogene Theoriebildung (vgl. Glaser/Strauss 1967) versucht, die Kluft zwischen Theorie und empirischer Forschung zu überbrücken. Sie bedient sich dabei eines explorativen Vorgehens, welches mittels verschiedener Methoden der Sozialforschung zu einem vertieften Verständnis betreffend eines Untersuchungsgegenstandes gelangen will. Im Vordergrund der Theoriebildung steht nicht die abschließende Überprüfung von Hypothesen, sondern deren Gewinnung, Präzisierung und Weiterentwicklung. Theorie wird als emergentes Phänomen verstanden. Ausgehend von kenntlich gemachtem Vorwissen wenden Forschende verschiedene qualitative und quantitative Forschungsmethoden an, um zu einem besseren Verständnis des Forschungsbereichs und dadurch zu einer realitätsnahen Theorie zu gelangen.

Für Mayring (2023: 19 ff.) sind die Subjektbezogenheit der Forschung, die Betonung der Deskription und der Interpretation, die Forderung, die Subjekte (Menschen) auch in ihrer natürlichen, alltäglichen Situation zu untersuchen sowie das Prinzip der Induktion die fünf Postulate des qualitativen Denkens. Er leitet daraus die bereits beschriebenen 13 Säulen des qualitativen Denkens ab (vgl. Abschnitt 4.2).

Im Rahmen der qualitativen Forschung genießt die intersubjektive Nachvollziehbarkeit der abgeleiteten Schlüsse eine besondere Bedeutung. Da sich der Forschungsprozess stark am Forschungsgegenstand orientiert und eine gegenseitige Beeinflussung nicht auszuschließen ist, müssen Forschende ihre Schritte im Prozess sowie ihre abgeleiteten Schlüsse besonders sorgfältig dokumentieren.

Ansonsten bleiben die Forschungsergebnisse für Dritte undurchsichtig und deren Qualität wird zu Recht infrage gestellt.

4.3.4 Untersuchungspläne der qualitativen Sozialforschung

Vor einer Beschäftigung mit den Methoden der qualitativen Sozialforschung ist es sinnvoll, mögliche Untersuchungspläne dieser Forschungsweise kennenzulernen. Im amerikanischen Sprachgebrauch ist auch vom «Design» die Rede. Weitere im Deutschen verwendete Begriffe sind Forschungskonzeption oder Forschungsarrangement. Das Forschungsdesign bzw. der Forschungsplan beschreibt die Forschungsfragestellung, die Untersuchungsziele, die Auswahl der Untersuchungseinheit(en), den Forschungsprozess, die vorgesehenen Methoden zur Datenerfassung, die Aufbereitung der Daten und Auswertung sowie die Verwertungs- bzw. Publikationsstrategie. Insbesondere bei qualitativ ausgerichteten Forschungsprojekten ist eine umfassende Dokumentation des methodischen Vorgehens besonders wichtig.

Die Einzelfallanalyse, die Dokumentenanalyse, die Aktions- und Handlungsforschung, die Feldforschung, das qualitative Experiment und die qualitative Evaluationsforschung sind häufig erwähnte Untersuchungspläne der qualitativen Sozialforschung (vgl. Mayring 2023: 38 ff.).

4.3.5 Methoden der qualitativen Sozialforschung

4.3.5.1 Vorbemerkung

Qualitative Methoden müssen sich mindestens ebenso strengen Kriterien hinsichtlich Beschreibung und Anwendung stellen wie quantitative Verfahren. «Qualitatives Forschen darf nicht verschwommen sein.» (Mayring 2023: 59) Nur so kann es gelingen, die empirische Forschung neben dem bestehenden ersten Pfeiler der quantitativen Forschung auf einen ebenso starken Pfeiler der qualitativen Forschung zu stellen. Da es in dieser Publikation vor allem um die Fallstudie als qualitative Methode geht, werden hier die verschiedenen Verfahren lediglich zusammenfassend dargestellt, und es wird auf die entsprechenden Ursprungsquellen verwiesen.

4.3.5.2 Erhebungsverfahren

Bei den Erhebungsmethoden gilt es zwischen verschiedenen Formen des Interviews (narratives Interview, episodisches Interview, problemzentriertes Interview, fokussiertes Interview, Tiefen- und Intensivinterview und rezeptives Interview), Gruppendiskussionen (mit oder ohne Moderation, online oder offline) sowie unterschiedlichen Formen der Beobachtung zu unterscheiden (naive und wissenschaftliche Beobachtung, strukturierte und unstrukturierte Beobachtung, offene oder verdeckte Beobachtung, teilnehmende oder nicht teilnehmende Beobachtung, aktiv oder passiv teilnehmende Beobachtung, direkte oder indirekte Beobachtung sowie Feld- oder Laborbeobachtung). Eine aussagekräftige, vergleichende Darstellung der verschiedenen Interviewformen findet sich bei Lamnek (Lamnek/Krell 2016: 362). Die verschiedenen Formen der Beobachtung sind auf den Seiten 523 ff. in der gleichen Quelle beschrieben.

Gruppendiskussionen kommen in der betrieblichen Praxis recht häufig zum Einsatz (z. B. in Marktstudien und Meinungsumfragen), in der wissenschaftlichen Forschung finden sie eher selten Anwendung. Das mag damit zusammenhängen, dass sich die methodologische Entwicklung dieses Verfahrens nach wegweisenden Publikationen in den 1950er- (vgl. Pollock 1955) und 1960er-Jahren (vgl. Mangold 1960) verlangsamt hat. In letzter Zeit lässt sich ein Revival dieser Methode mit entsprechenden neuen Publikationen beobachten (vgl. Bohnsack/Przyborski/Schäffer 2009, Lamnek/Krell 2016, Kühn/Koschel 2018). Hinzu kommt, dass mit der Gruppendiskussion auch methodische Herausforderungen wie gruppendynamische Prozesse, die gegenseitige Beeinflussung, die Kontextabhängigkeit sowie eine sehr aufwendige Auswertung (um nur einige zu nennen) verbunden sind. In der Markt- und Politikforschung kommt die Methode der Fokusgruppe als moderierte und fokussierte Gruppendiskussion zunehmend zur Anwendung. Aufgrund der mit der Methode verbundenen Schwächen (Bias durch Moderation, Bias durch dominierende Teilnehmende, keine Repräsentativität, Verzerrung der Resultate durch eine bewusste oder willkürliche Stichprobenauswahl (convenient sampling) etc.) ergibt sich für die Fokusgruppe ein eingeschränktes Einsatzgebiet. Sie eignet sich vor allem für die Gewinnung von Einsichten aus einer Kundinnen- bzw. Kundenperspektive. Aber auch in diesem Anwendungsfall sind die beschriebenen Restriktionen zu beachten. Eine umfassende Beschreibung der Methode der Fokusgruppen findet sich bei Krueger/Casey (2015).

Zusammenfassend lässt sich festhalten, dass alle genannten Erhebungsverfahren für die Anwendung in Fallstudien geeignet sind. Sie können selbstverständlich auch durch quantitative Methoden ergänzt werden. Bei der Auswahl der Erhebungstechniken, seien es qualitative oder quantitative, gilt es zu beachten, dass sich aus diesen Entscheidungen weitreichende Konsequenzen für den weiteren Forschungsprozess ergeben können. Wer sich z. B. für narrative Interviews als Erhebungsmethode entscheidet, tut gut daran, die Interviews wörtlich zu transkribieren, damit sich auch schwer fassbare, subjektive Sinnstrukturen erfassen lassen. Durch die aufwendige, wörtliche Transkription reduziert sich, bei insgesamt gegebener Ressourcenausstattung, die Anzahl möglicher Interviews.

4.3.5.3 Aufbereitungsverfahren

Bei der Aufbereitung geht es neben der Wahl der Darstellungsmittel (Text, Grafik, Ton, Video, Artefakt oder Kombinationen) um Protokollierungstechniken (wörtliche Transkription, kommentierte Transkription, zusammenfassendes Protokoll und selektives Protokoll) sowie um die Konstruktion deskriptiver Systeme. Zwischen der Konstruktion deskriptiver Systeme, welche von Mayring (2023: 86 ff.) als Aufbereitungsverfahren positioniert werden und der qualitativen Inhaltsanalyse bzw. der typologischen Analyse, welche Auswertungsmethoden darstellen, besteht ein fließender Übergang. Da der exakten Beschreibung des Forschungsgegenstandes bei qualitativen Verfahren eine besondere Bedeutung zukommt, verdient auch der wissenschaftlich wenig inspirierende Schritt der Datenaufbereitung Aufmerksamkeit. Hier werden im verfügbaren Material Informationen aufgespürt, die dann in der Auswertung zu Erkenntnis werden können. Die beste Datenerhebung ist nutzlos, wenn die darauf aufbauende Aufbereitung dieses Materials nicht ebenso gewissenhaft und umsichtig vorgenommen wird. Schlüsselbegriffe bei der Datenaufbereitung sind die intersubjektive Nachvollziehbarkeit und Überprüfbarkeit. Insbesondere bei Fallstudien, die häufig mit verschiedenen Erhebungsverfahren arbeiten, sind gewissenhaft aufbereitete Transkriptionen und Protokolle eine wichtige Rückversicherung dafür, dass die unvermeidbaren subjektiven Werturteile der Forschenden im Prozess nicht zu beliebigen und nichtssagenden, im Extremfall sogar realitätsverzerrenden Erkenntnissen bzw. Aussagen führen. Wenn die intelligente Auswertung von inhaltsreichen Datenbeständen und Informationen die «Kür» der qualitativen Forschung ist, kann die Datenaufbereitung ohne weiteres als notwendige «Pflicht» gelten.

In Bezug auf die Erarbeitung von betriebswirtschaftlichen Fallstudien dürfte es sich beim problemzentrierten Interview und dem darauf aufbauenden zusammenfassenden Protokoll um die am häufigsten genutzte Methodenkombination handeln. Das hat vor allem mit Praktikabilität und Arbeitseffizienz zu tun. Im Interesse einer größeren Problemlösungsumsicht und eines tieferen Verständnisses der behandelten Fragestellungen wäre die Nutzung mehrerer Erhebungsmethoden und umfassender Techniken der Datenaufbereitung wünschenswert. Das Offensichtliche ist nicht immer das Wesentliche und differenzierte Erklärungsmodelle erfordern häufig eine vertiefte Auseinandersetzung mit dem Datenmaterial.

4.3.5.4 Auswertungsverfahren

Ähnlich wie bei den Erhebungs- und Aufbereitungsmethoden bietet die qualitative Sozialforschung weniger und stärker strukturierte Auswertungsverfahren an. Es sind dies im Einzelnen nach Mayring (2023: 89 ff.) die gegenstandsbezogene Theoriebildung, die phänomenologische Analyse, die sozialwissenschaftlich-hermeneutische Paraphrase, die qualitative Inhaltsanalyse, die objektive Hermeneutik, die psychoanalytische Textinterpretation sowie die typologische Analyse. Nachfolgend werden die gegenstandbezogene Theoriebildung und die qualitative Inhaltsanalyse vertieft behandelt, weil sie bei der Erarbeitung von Fallstudien in der betriebswirtschaftlichen Forschung häufig Anwendung finden.

Die *gegenstandsbezogene Theoriebildung* geht auf die Arbeiten von Glaser und Strauss (1967) zur «Grounded Theory» zurück. Basierend auf der Annahme, dass Forschende bereits während der Datenerhebung über die Auswertung und konzeptionelle Ideen oder sogar Modelle nachdenken, lässt diese Theorie die implizite Konzeptbildung zu, wenn sie transparent und intersubjektiv nachvollziehbar gemacht wird. Für Fallstudien eine wichtige und vielversprechende Logik, da es sehr schwierig sein dürfte, die verschiedenen Phasen der Erkenntnisgewinnung zeitlich trennscharf voneinander abzugrenzen. So zeigt sich allenfalls in frühen Interviews, dass der Interviewleitfaden Schwächen aufweist und sich die gewonnenen Daten weder gut aufbereiten noch sinnhaft auswerten lassen. Es wäre schade, diese Erfahrungen ungenutzt zu lassen. Wichtig ist einfach, dass Veränderungen im Forschungsdesign und in den verwendeten Instrumenten nachvollziehbar dokumentiert sind. Für explorative Untersuchungen wie die Fallstudie ist die gegenstandsbezogene Theoriebildung hilfreich und wichtig.

Die *qualitative Inhaltsanalyse* (vgl. Lamnek/Krell 2016: 475 ff., Mayring 2022) erlaubt die systematische Analyse von Texten, indem sie diese gliedert und schrittweise bearbeitet. Die Analyseaspekte werden in einem Kategoriensystem vorher festgelegt (vgl. Lisch 1978: 69 ff.). Der im nachfolgenden Abschnitt erläuterte Bezugsrahmen kann sich als Systematisierungsschema eignen. Mayring (2023: 97 ff.) schlägt drei Grundformen der qualitativen Inhaltsanalyse vor:

- *Zusammenfassung:* Die Analyse zielt darauf ab, das Material so zu reduzieren, dass die wesentlichen Inhalte erhalten bleiben. Durch Abstraktion wird ein Gebilde geschaffen, das die Grundmaterialien (Audioaufnahmen) immer noch angemessen repräsentiert.

- *Explikation:* Die explizierende qualitative Inhaltsanalyse trachtet danach, einzelne Textteile durch zusätzliches Material (z. B. Informationen zum Kontext der Befragung) zu erläutern.
- *Strukturierung:* Ziel dieser Analyseform ist es, eine Struktur aus dem Datenmaterial herauszufiltern.

Das Vorgehen bei einer qualitativen Inhaltsanalyse ist in Abbildung 8 dargestellt.

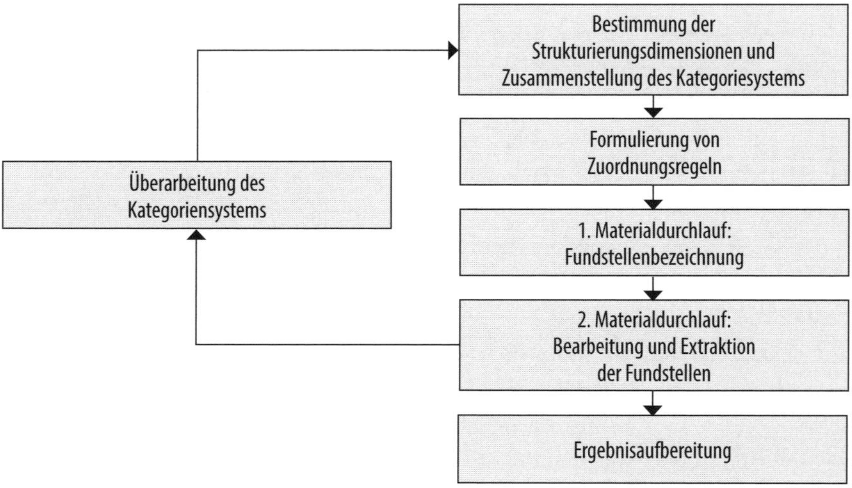

Abbildung 8: Vorgehen bei der qualitativen Inhaltsanalyse (in Anlehnung an Mayring (2023: 101))

Neben der qualitativen Inhaltsanalyse kann eine erste Annäherung an das Datenmaterial auch im Rahmen einer quantitativen Inhaltsanalyse erfolgen (vgl. Lamnek/Krell 2016: 464 ff.). Die Frequenzanalyse, die Dokumentenanalyse, die Valenzanalyse, die Intensitätsanalyse, die Kontingenzanalyse und die Bedeutungsfeldanalyse werden u. a. den Formen der quantitativen Inhaltsanalyse zugerechnet. Die Auszählung von Schlüsselworten oder die Darstellung in «Wortwolken» wie wordl.net oder wortwolken.com ist eine weitere Möglichkeit, den Inhalt umfangreicher Texte attraktiv zu visualisieren, eine vertiefte Auseinandersetzung im Sinne der qualitativen Inhaltsanalyse können sie allerdings nicht ersetzen. In letzter Zeit werden zunehmend auch KI-basierte Systeme verwendet, um die Datenfülle effizient zu bewältigen und eine gute Grundlage für die Interpretation zu schaffen. Zu den Stärken und Schwächen einer KI-basierten Auswertung qualitativer Daten gegenüber einer Auswertung durch Forschende vgl. Bond (2017).

4.3.6 Gütekriterien der qualitativen Sozialforschung

Die qualitative Sozialforschung muss sich in noch ausgeprägterem Ausmaß als die quantitative Forschung an Gütekriterien orientieren. Während bei der quantitativen Forschung Kriterien wie Validität («Messe ich das, was ich messen will?»), Reliabilität («Wie exakt messe ich das, was ich messen will?») und Objektivität («Wie stark wird das Ergebnis der Messung von den Forschenden, der Durchführung, der Aufbereitung, der Auswertung und der Interpretation beeinflusst?») im Vordergrund stehen, beschäftigt sich die qualitative Forschung mit Kriterien wie Verfahrensdokumentation, argumentativer Interpretationsabsicherung, Regelgeleitetheit, Nähe zum Gegenstand, kommunikativer Validierung und Triangulation. Gerring (2017: 193 ff.) macht deutlich, dass der internen und externen Validität auch bei Fallstudien als Forschungsdesign eine hohe Bedeutung zukommt. Weitere, spezifisch auf die Fallstudie bezogene Grundsätze bzw. Gütekriterien finden sich in den Schlussfolgerungen in Abschnitt 9.

4.3.7 Umsichtiger Umgang mit qualitativen Methoden

Trotz ihrer Nähe zum Gegenstand, der argumentativen und kommunikativen Absicherung sowie der Triangulation weist die qualitative Sozialforschung auch Fallstricke auf, die es angemessen zu bedenken gilt. Da ist zum einen die Gefahr eines mechanistischen Anwendens qualitativer Designs in der Tradition quantitativer Methoden. Diese widerspricht den in der qualitativen Forschung verankerten Prinzipien der Heuristik und der Exploration. Forschende sollten die angewandten Methoden reflektieren, dokumentieren und auf eine dem Gegenstand entsprechende Weise anwenden. Zum anderen dürfen die hohe Flexibilität und die Situationsbezogenheit der qualitativen Forschung nicht zu einer Beliebigkeit führen. Qualitative Forschung muss sich noch stärker an Regeln orientieren als die quantitative Forschung.

In qualitativen Forschungsprozessen begeben sich Forschende und Forschungssubjekte in eine enge Beziehung, die Vertrauen erfordert. Forschende sollten aber trotzdem die kritische Distanz zum Untersuchungsgegenstand wahren.

Sie dürfen sich nicht von ihm vereinnahmen lassen und ihre Objektivität verlieren. Eine Supervision durch Kollegen bzw. Kolleginnen kann hier sehr hilfreich sein. Ein weiteres Problem ist das mögliche Ungleichgewicht zwischen Forschenden und Forschungssubjekt. Habermas (2016) spricht von der Kolonialisierung der Lebenswelt der Subjekte. Mayring (2023: 127) nennt diesen Zustand die gekonnte Aushorchung. Qualitative Forschung beschreitet eine schwierige Gratwanderung zwischen der Orientierung am Subjekt und dem Verlust von Objektivität.

Qualitative Forschung kommt häufig nicht ohne quantitative Forschung aus und umgekehrt. Es ist durchaus denkbar, eine quantitative Vorstudie im Sinne des «Dimensional Sampling» (vgl. Arnold 1970) dazu zu nutzen, spannende Fälle zu identifizieren, um diese dann qualitativ zu erforschen. Es kann aber auch eine qualitative Studie am Anfang eines Forschungsprojektes stehen, die zum Ziel hat, Hypothesen zu generieren und dann zu präzisieren. In der anschließenden quantitativen Studie können dann die Hypothesen verifiziert oder falsifiziert werden. Miles/Huberman (1994: 41) haben sogar vier Vorgehensstrategien skizziert: 1) ein paralleles Vorgehen; 2) ein kontinuierliches Abwechseln; 3) qualitative Forschung, die auf quantitative Forschung folgt (siehe oben) sowie 4) der umgekehrte Fall (siehe ebenfalls oben). In der vierten Auflage ihres Buches zur qualitativen Datenanalyse gehen Miles/Huberman/Saldaña (2020: 35 f.) von einem interaktiven Modell aus. Zur Beziehung zwischen qualitativer und quantitativer Forschung vgl. auch Flick (2017: 485 ff.).

5 Bezugsrahmen als Heuristik der explorativen Forschung

5.1 Grundfragen der wissenschaftlichen Forschung

Zu Beginn eines Forschungsprojektes stellen sich Forschende die Frage, wie sie methodisch vorgehen wollen. Sie grenzen das Forschungsgebiet ein, präzisieren die Problemstellung, bestimmen Zielsetzungen, analysieren die relevante Literatur und legen sich eine Forschungsstrategie zurecht. Sie bestimmen, wie sie die Daten auswerten werden, und machen sich darüber Gedanken, welchen Nutzen ihre Erkenntnisse für die Wissenschaft und/oder Praxis haben. Forschende sehen sich mit drei Grundfragen der wissenschaftlichen Forschung konfrontiert:

1. Der *Entdeckungszusammenhang* (das Heuristikproblem) untersucht, unter «(…) welchen Bedingungen (…) Wissenschaftler zu fruchtbaren theoretischen Konzeptionen» (Ulrich/Hill 1979: 166) gelangen. Es geht dabei um die Abgrenzung des Untersuchungsgegenstandes, die Konkretisierung der Problemstellung, die Erfassung zweckmäßiger Begriffe, die Benennung der für den untersuchten Objektbereich relevanten Variablen sowie die Aufstellung und Systematisierung von Arbeitshypothesen (Annahmen über Wirkungszusammenhänge). Entscheidungen über diese Aspekte sind vor dem Hintergrund ihrer Zweckmäßigkeit für eine bestimmte Forschungsaufgabe zu fällen. Sie unterliegen einem Zweckmäßigkeitskriterium.
2. Der *Begründungszusammenhang* widmet sich der Frage, wie sich die im Entdeckungszusammenhang aufgestellten Arbeitshypothesen fundieren lassen. Die empirische Überprüfung dieser gedanklichen Bezugsrahmen geht einher mit dem Induktionsproblem, welches sich mit der Verallgemeinerung singulärer Beobachtungen beschäftigt (vgl. Ulrich/Hill 1979: 166 f.). Im Rahmen einer sachlich-analytischen Forschungsstrategie kann auch deduktiv vorgegangen werden, indem bestehendes Wissen systematisiert und durch logische Kombination Begründungen gewonnen werden.
3. Im *Verwendungszusammenhang* wird schließlich der Nutzen wissenschaftlicher Aussagen thematisiert. Es geht um deren gesellschaftliche Funktionen (vgl. Ulrich/Hill 1979: 167) und um die Frage, ob wissenschaftliche Forschung zu Gestaltungsempfehlungen, also praktisch-normativen Aussagen führen darf. Da im Rahmen einer anwendungsorientierten Wissenschaft praktisch-

normative Aussagen nicht zu vermeiden sind und dadurch die Prinzipien der Wertfreiheit und der Parteilosigkeit tangiert werden, ist es erforderlich, Wertungen zu kennzeichnen und sie in der Form von Ziel-Mittel-Beziehungen zu formulieren.

Die fundierte Auseinandersetzung mit einer wissenschaftlichen Problemstellung schließt die Offenlegung der zentralen wissenschaftstheoretischen Grundsatzentscheidungen mit ein. Die Metadisziplin Wissenschaftstheorie (vgl. Albert 1962: 38 ff.) beschäftigt sich mit der «[..] Erörterung der Grundlagen und Methoden der Wissenschaft.» (Seiffert 1992: 461). Es kann auch zwischen einer Wissenschaftstheorie im weiteren Sinn (Aussagen über Wissenschaft: z. B. Wissenschaftspsychologie, -soziologie, -geschichte etc.) und Wissenschaftstheorie im engeren Sinn (Wissenschaftslogik, Methodologie und Forschungstechniken) unterschieden werden (vgl. Raffée 1974: 17 f.).

Im Verständnis der Betriebswirtschaftslehre als anwendungsorientierte Sozialwissenschaft (vgl. Schanz 1988: 11 ff., Behrens 1993: 4768) geht der Autor dieser Schrift davon aus, dass für diese Disziplin grundsätzlich zwei übergeordnete Zielsetzungen gelten. Da ist zum einen das kognitive oder theoretische Wissenschaftsziel (Erkenntnisinteresse bzw. Erklärungsaufgabe) und zum anderen das praktische oder pragmatische Wissenschaftsziel (Gestaltungsinteresse bzw. -aufgabe) (vgl. Kosiol 1964: 745 ff., Kosiol 1966: 241, Schanz 2009: 58 ff.).

Nach Heinen besteht das Bemühen der Betriebswirtschaftslehre letztlich darin, «(…) Mittel und Wege aufzuzeigen, die zur Verbesserung der Entscheidungen (…) führen.» (Heinen 1969: 209). Zwischen dem praktischen und dem theoretischen Wissenschaftsziel besteht ein enger Zusammenhang (vgl. Schanz 2009: 62). Eine (polarisierende) Trennung der beiden Wissenschaftsziele erscheint nicht sinnvoll. «Die Gestaltung eines Entscheidungsfeldes setzt eine deskriptive Analyse der in diesem Entscheidungsfeld enthaltenen Tatbestände und Zusammenhänge voraus.» (Heinen 1968: 24). Schanz (2009: 62) schreibt hierzu: «Theoretische Erkenntnisse sind eine wesentliche Voraussetzung erfolgreichen Handelns.»

Die Komplexität und die Multidimensionalität des Forschungsfeldes Betriebswirtschaftslehre lassen die Wahl eines interdisziplinären Ansatzes bzw. eines konzeptionellen Pluralismus (im Entdeckungszusammenhang) als zweckmäßig erscheinen. Hinzu kommt, dass betriebswirtschaftliche Forschende häufig die Perspektive des Managements bzw. der betrieblichen Entscheidungsträger einnehmen. Aus diesem Grund empfiehlt es sich, Grundsätze eines entscheidungsorientierten Wissenschaftsprogramms (vgl. Heinen 1969, 1976) hinsichtlich ihrer

Nützlichkeit für die Erreichung der praktischen Zielsetzungen zu prüfen. Dieser Ansatz ist aber im Sinne der zuvor erwähnten Interdisziplinarität systematisch durch Elemente anderer Betrachtungsweisen wie etwa dem systemorientierten Ansatz (vgl. Ulrich 1970, 1971), dem verhaltenstheoretischen Ansatz (vgl. Schanz 1977, 1990) oder dem situativen Ansatz (vgl. Welge 1987: 76 ff., Ebers 1992: 1817 ff., Kieser/Kubicek 1992: 45 ff., Donaldson 1995: 32 ff., Kieser 1995: 155 ff., Morgan 2006: 44 ff., Kieser/Walgenbach 2010: 40 ff.) zu ergänzen. Im Zusammenhang mit dem verhaltenstheoretischen Ansatz ist insbesondere die Nutzenidee (vgl. Schanz 1990: 239 f.) aufschlussreich.

Das gewählte Wissenschaftskonzept muss hinreichend offen sein, um auch die Integration von Erkenntnissen aus Nachbardisziplinen (z. B. Psychologie, Soziologie etc.) zu ermöglichen. Im Sinne einer Konzentration auf das Machbare wird Interdisziplinarität ziel- und problemorientiert gesehen. Ein interdisziplinärer Ansatz wird nur so weit verfolgt, wie er der Erreichung der theoretischen und praktischen Zielsetzungen eines Forschungsprojektes zuträglich ist. «Echte» Interdisziplinarität, d. h. eine Analyse aller relevanten Wirkungszusammenhänge, scheint dem Verfasser nur bei sehr restriktiven Modellbedingungen möglich. Um aber der Vielschichtigkeit der Betriebswirtschaftslehre und deren Phänomenen gerecht zu werden, empfiehlt sich ein methodisch-konzeptioneller Pluralismus. Becker (1993: 115) nennt diesen Aspekt Methodenkonkurrenz und plädiert für tolerante Haltung gegenüber den verschiedenen Methoden der Sozialforschung, da diese einen breiteren und möglicherweise auch tieferen Zugang zu komplexen, qualitativen und/oder unstrukturierten Problemstellungen erlauben.

Mit Pluralismus ist gemeint, dass ein Erkenntnisfortschritt in dieser Disziplin vor allem durch die Kombination verschiedener Forschungsmethoden, die Berücksichtigung mehrerer Betrachtungsperspektiven und die Nutzung unterschiedlicher Ansätze zustande kommt. Die Beschränkung auf einen Denkansatz oder die ausschließliche Verwendung einer bestimmten Methode dürften zu Schlussfolgerungen führen, welche der betriebswirtschaftlichen Realität nur ungenügend gerecht werden.

Grochla (1978: 97) nennt den methodischen Pluralismus als wesentliche Voraussetzung für praxeologische Aussagen (vgl. Abschnitt 5.5.5). Er wendet sich sogar explizit gegen einen Methodenmonismus, indem er schreibt: «(Die) pluralistische Konzeption von Forschungsstrategien (...) wendet sich (...) gegen die Verbindung von Alleingültigkeits- oder Allgemeinbrauchbarkeitsansprüchen mit bestimmten Methoden oder Forschungshaltungen und (ist) zugleich gegen die

Verurteilung von Forschungsweisen als für einen bestimmten Forschungsbereich inadäquat.»

Methodisch-konzeptioneller Pluralismus bedeutet nicht, dass Verfahren der Sozialforschung ungeachtet deren Stärken, Schwächen und Anwendungsvoraussetzungen zum Einsatz kommen. Er postuliert vielmehr eine Offenheit gegenüber verschiedenen Methoden und deren gezielten Einsatz. Dieser positiv verstandene Eklektizismus regt an, dass Forschende gesichertes Wissen mit neuen Erkenntnissen verbinden, die sie aus verschiedenen Quellen gewonnen haben. Die explorative Forschung basiert auf diesem Grundsatz. Sie nutzt den Bezugsrahmen als forschungsleitendes Instrument. Kubicek (1977: 20) schreibt hierzu: «Ein heuristischer Bezugsrahmen sollte tendenziell pluralistisch und eklektisch sein, d. h., er sollte Annahmen und Fragen aus möglichst unterschiedlichen Richtungen, Ansätzen und Disziplinen gegenüberstellen.»

Nach der Entwicklung eines gedanklichen Bezugsrahmens (vgl. Grochla 1978: 61 ff.) geht es im Begründungszusammenhang darum, diese konzeptionelle Basis einer empirischen Fundierung bzw. Anreicherung zu unterziehen. Aus den von Grochla beschriebenen Stufen und Strategien der Organisationsforschung (vgl. Grochla 1978: 67 ff.) lassen sich Forschungsstrategien ableiten, welche dem Erklärungs- und dem Gestaltungsinteresse gleichermaßen gerecht werden. Die Kritik am Kritischen Rationalismus führte u. a. zu einer handlungstheoretischen Wissenschaftskonzeption (vgl. Kühn 1978: 37 ff., Ulrich/Hill 1979: 178 ff.), welche nicht mehr primär die Analyse der Ursache-Wirkungs-Beziehungen, sondern vielmehr die Begründung der Ziel-Mittel-Beziehungen in den Vordergrund stellte. Dabei stehen nicht deterministische Wenn-dann-Verknüpfungen im Fokus, sondern begründete Erklärungen darüber, mit welchen Maßnahmen ein bestimmtes Ziel zu erreichen ist. Die praxeologische Bezugsrahmenforschung nach Grochla kann somit als «Orientierungshilfe im Begründungszusammenhang» gelten.

5.2 Bezugsrahmen

Nach Grochla können gedankliche Bezugsrahmen (Frameworks) grundsätzlich zwei Formen aufweisen (vgl. Grochla 1978: 62 f.): Die des Konzeptionsrahmens, verstanden als «(…) Begriffs- und Hypothesenschema (…), das in erster Linie auf die Beschreibung und Erklärung realer Phänomene gerichtet ist» (Grochla 1978:

62) und die des Entscheidungsrahmens, der «(...) stärker auf (verallgemeinerte) praktische Handlungszwecke (...)» (Grochla 1978: 63) abzielt.

In der englischsprachigen Literatur ist von conceptual und theoretical Frameworks die Rede (vgl. Ravitch/Riggan 2017, Creswell/Creswell 2018). Maxwell (2013: 39) beschreibt das conceptual Framework als «(...) system of concepts, assumptions, expectations, beliefs, and theories that supports and informs your research (...).» Später spricht Maxwell (2013: 54 ff.) von Concept Mapping als «(...) visual display of the theory – a picture of what the theory says is *going on* with the phenomenon you're studying.» Die Vielzahl von Visualisierungen bei Maxwell zeigt, dass dieses Verständnis von Bezugsrahmen weitgehend mit dem in diesem Werk verwendeten Ansatz einhergeht.

Die Funktion des Konzeptionsrahmens sieht Grochla im «Aufzeigen unerforschter Bereiche und [in der] Einordnung einzelner Forschungsresultate in einen größeren Zusammenhang» (Grochla 1978: 65), die des Entscheidungsrahmens in der «Ordnung (...) [von] Problemsituationen und [der] Angabe von Handlungsempfehlungen.» (Grochla 1978: 65). Entscheidungsrahmen stellen somit weiterentwickelte Konzeptionsrahmen dar. Bezugsrahmen erleichtern die Formulierung von Problemdefinitionen, die Zerlegung umfassender Probleme in einfachere Teilprobleme und die Entwicklung entsprechender Lösungsansätze. Kirsch (1984: 760) spricht in diesem Zusammenhang von der *heuristischen Kraft eines Bezugsrahmens.* Die heuristische Funktion von Bezugsrahmen umschreibt Kubicek treffend wie folgt: «Das heuristische Potential eines Bezugsrahmens ist generell umso größer, je mehr die formulierten Fragen und Interpretationsmuster zur Gewinnung von Erfahrungswissen führen, das seinerseits zur Präzisierung der theoretischen Perspektive und zur Formulierung von neuen, weiterführenden Fragen führt.» (Kubicek 1977: 19).

Der hier beschriebene Forschungsansatz baut auf dem Konzept von Grochla auf. Als Grundidee werden dabei die Stufen der Theorieentwicklung mit den verschiedenen Entwicklungsstadien von Bezugsrahmen verknüpft. Wenn es zudem gelingt, die klassischen Forschungsstrategien in dieses Modell zu integrieren, erhalten Forschende Hinweise, auf welcher Erkenntnisstufe sich ihr Forschungsgegenstand befindet und welche Strategien sie anwenden müssen, um einen Erkenntnisfortschritt zu erzielen.

Abbildung 9 zeigt das Beispiel eines konzeptionellen Bezugsrahmens des Personalmanagements. Seine Elemente werden anschließend kurz charakterisiert.

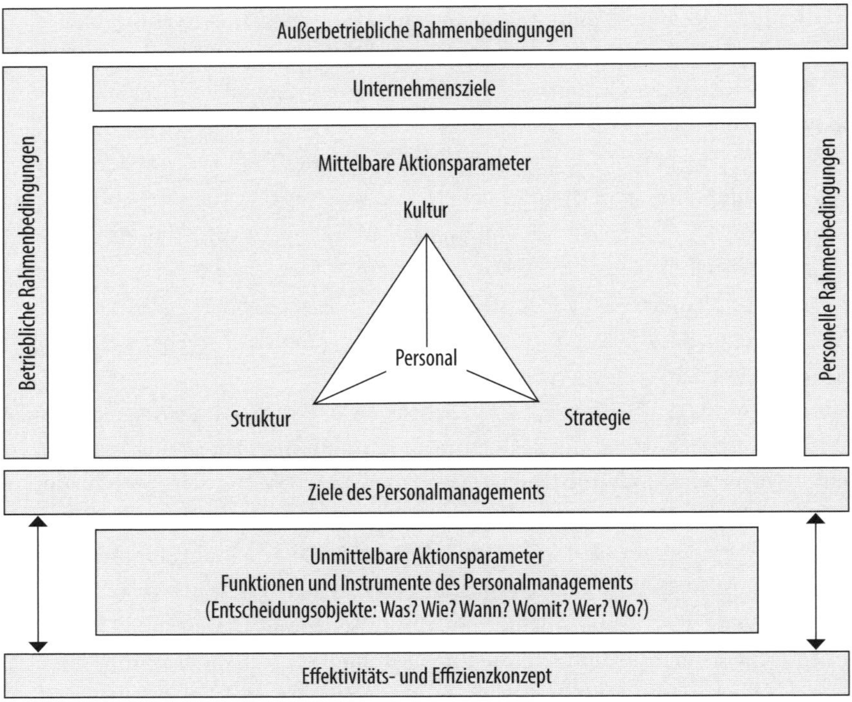

Abbildung 9: Konzeptioneller Bezugsrahmen des Personalmanagements (Beispiel)

Bei der Analyse der außerbetrieblichen Rahmenbedingungen (dem Umsystem) ist zwischen generellen und aufgabenspezifischen Rahmenbedingungen zu unterscheiden (vgl. Kubicek/Thom 1976: 3985 ff.). Die generellen Bedingungen gelten in einem bestimmten geografischen Raum für eine größere Anzahl von Unternehmen mit unterschiedlichen Sachzielen (vgl. Kubicek/Thom 1976: 3988). Sie lassen sich in ökonomische, technologische, rechtlich-politische, soziokulturelle und physisch-ökologische Rahmenbedingungen untergliedern. Die aufgabenspezifischen Bedingungen umfassen all jene Faktoren, «(…) mit denen eine Unternehmung zur Erreichung ihrer Sachziele interagiert, interagieren kann oder aufgrund verbindlicher Vorschriften interagieren muß (…)» (Kubicek/Thom 1976: 3992), sofern diese nicht den betrieblichen und personellen Bedingungen zuzuordnen sind. Die Abgrenzung zu den generellen Bedingungsgrößen besteht darin, dass es sich hier um konkrete Interaktionspartner handelt (vgl. Kubicek/Thom 1976: 3993).

Bei Fallstudien stellen die Rahmenbedingungen keine Störvariablen dar. Sie liegen sogar im Erkenntnisinteresse des Vorhabens (vgl. Hering/Jungmann 2022: 529).

Generelle Rahmenbedingungen (Macro Environment)	Aufgabenspezifische Rahmenbedingungen (Task Environment; Stakeholder)
• Ökonomische Rahmenbedingungen (z. B. Konjunktur, Arbeitsmarkt) • Technologische Rahmenbedingungen (z. B. Produkt- und Verfahrensinnovationen, neue Informations- und Kommunikationstechnologien) • Rechtlich-politische Rahmenbedingungen (z. B. Rechtssystem, politisches System) • Sozio-kulturelle Rahmenbedingungen (z. B. Wertewandel, demografische Struktur) • Physisch-ökologische Rahmenbedingungen (z. B. Umweltsituation, Infrastruktur)	• Aktionäre (Shareholder) • Banken • Arbeitgebervertreter • Arbeitnehmervertreter/Gewerkschaften • Kunden/Verbraucherverbände • Öffentliche Verwaltung/Regierung • Konkurrenten • Lieferanten • Medien • Öffentlichkeit • Bildungsinstitutionen

Abbildung 10: Außerbetriebliche Rahmenbedingungen

Auf der Ebene der betrieblichen Rahmenbedingungen (Unternehmensmerkmale oder Insystem) sind u. a. Faktoren wie die Branche, das Produkt- und Dienstleistungsprogramm, der Standort, die Technologieausstattung, die Größe, die Rechtsform, die Belegschaftsstruktur, das Managementsystem (inkl. Führungsstil), die Unternehmensgeschichte, die Finanzkraft, der Internationalisierungsgrad, die Innovationsfähigkeit und das Image des Unternehmens relevant. Zu den personellen Bedingungsgrößen gehören beispielsweise die Arbeitszufriedenheit der Mitarbeitenden (inkl. Management), deren Qualifikation, Erwartungen und Bedürfnisse sowie deren Werte und Einstellungen.

Ausgehend von den übergeordneten Unternehmenszielen stellt sich für betriebswirtschaftliche Handlungsfelder die Frage, wie sie zur Erreichung der Unternehmensziele beitragen können (vgl. Zaugg 1996: 120 ff.). Sie formulieren Sachziele, die dann in Formalzielen (= Effizienzkriterien) konkretisiert und in Effizienzindikatoren operationalisiert werden. Sie erlauben dadurch die Evaluation der zur Erreichung der Sach- und Formalziele eingesetzten Maßnahmen. Effizienzindikatoren können in Form von Kennzahlen oder Checklisten formuliert werden. Ein umfassendes Effizienzkonzept darf sich aber nicht ausschließlich auf die ökonomisch-technische Zieldimension beschränken, sondern muss auch eine individual-soziale, eine flexibilitätsorientierte, eine physisch-ökologische und eine ethische Dimension beinhalten.

Ein Sachziel bezieht sich auf den Hauptzweck des Handelns. Es setzt sich damit auseinander, «WAS» zu tun ist. Hier wird die Verbindung zum Begriff der Effektivität («Die richtigen Dinge tun.») deutlich. Fessmann (1980: 30) definiert Effektivität (Effectiveness) als «(...) grundsätzliche Eignung eines Mittels, ein Ziel mit Hilfe dieses Mittels zu erreichen».

Hentze (1994: 56) umschreibt den Begriff Formalziel folgendermaßen: «Die Formalziele (...) beziehen sich somit auf die Art und Weise betrieblichen Handelns und dienen der Ableitung von Verhaltensmaximen.» Sie beschäftigen sich also mit der Frage, «WIE» etwas zu tun ist. Es zeigt sich eine große Nähe zum Begriff der Effizienz bzw. des Effizienzkriteriums. Thom bezeichnet Effizienz (Efficiency) als die «(...) Leistungswirksamkeit oder [das] Erfolgsniveau im Hinblick auf die Formalzielsetzung einer Unternehmung.» (Thom 1988: 325) Drumm versteht unter diesem Begriff «(...) das Verhältnis von Zielbeitrag zu relevantem Ressourceneinsatz (...).» (Drumm 2008: 10) Es geht hier vereinfacht gesagt darum, die Dinge richtig zu tun, also dem Input-Output-Verhältnis Beachtung zu schenken.

Auf der Ebene der Aktionsparameter lassen sich ebenfalls zwei Gruppen unterscheiden: die mittelbaren und die unmittelbaren Aktionsparameter. Während die mittelbaren Handlungsgrößen eher langfristig angelegt sind und oft indirekt wirken, tragen die unmittelbaren Handlungsgrößen direkt zur Zielerreichung bei. Die systematische Erarbeitung der unmittelbaren Aktionsparameter einer Fragestellung kann anhand von Entscheidungsobjekten erfolgen. Thom hat beispielsweise die folgenden Leitfragen («W-Fragen») für den Gegenstandsbereich der Personalentwicklung aufgeworfen (vgl. Thom 1984: 56 f.).

Wozu?	Welche Ziele sollen erreicht werden?
Wer?	Wer sind die Adressaten und die Träger der Maßnahmen?
Was?	Welche Inhalte stehen im Vordergrund?
Womit?	Welche personellen, finanziellen und infrastrukturellen Ressourcen stehen zur Verfügung?
Wie?	Welche Instrumente und Verfahren kommen zur Anwendung?
Wann?	Zu welchen Zeitpunkten ist der Instrumenteneinsatz vorgesehen?
Wie lange?	Für welche Dauer sind die Verfahren einzusetzen?
Wo?	An welchen Orten sollen die Maßnahmen angewandt werden?

Das in Abbildung 9 vorgestellte Beispiel eines konzeptionellen Bezugsrahmens ist als *eine mögliche Form* der Visualisierung zu verstehen. Bezugsrahmen können auch anders gestaltet werden (vgl. Thom 1984: 551, Bayard 1997: 118, Blum 1999: 80, Maxwell 2013: 54 ff.).

5.3 Heuristik

Der Begriff Heuristik (von griechisch heurískein: finden, entdecken) wurde ursprünglich in der Philosophie als Bezeichnung für die Erfindungskunst verwendet. Er umschreibt einen Prozess zur Entdeckung neuer Erkenntnisse. Im Kontext der explorativen Forschung (vgl. Abschnitt 5.4) sind Heuristiken als analytisches Vorgehen zu verstehen, das über vorläufige Schlussfolgerungen oder Hypothesen durch die kontinuierliche Verfeinerung und Überprüfung zu inhaltsreichen und praxisrelevanten Erkenntnissen gelangt.

Kleining (1982: 4) sieht in der (psychologischen) Heuristik eine wichtige Grundlage der Sozialforschung, weil sie nicht nur Lösungsmethoden für bestimmte Denkprozesse anbietet, sondern, weil sie den Problemlösungsprozess selbst untersucht.

Schepers (1974: 1120) nennt Verfahren oder Grundsätze dann heuristisch, wenn sie «(…) zur Erkenntniserweiterung beitragen, ohne selbst die Sicherheit der gewonnenen Erkenntnisse begründen zu können.» Lorenz (1984: 99 f.) spricht von einem Verfahren, das dazu dient, «(…) Probleme zu lösen, also für Sachverhalte empirischer und nicht-empirischer Wissenschaften Beweise oder Widerlegungen zu finden.» Zusammenfassend kann festgehalten werden, dass heuristische Forschung in der Regel auf einem iterativen Problemlösungsprozess basiert, der eine Fragestellung schrittweise durchdringt, Hypothesen aufstellt, Informationen zusammenträgt und nach Begründungen für festgestellte Sachverhalte sucht.

Kubicek (1977: 14) bezeichnet das Bestreben, «(…) durch Fragen an die Realität und die theoretische Verarbeitung des dabei gewonnenen Erfahrungswissens zu weiteren Fragen vorzustoßen, (…) als die einzige Möglichkeit, Verständnis und Beherrschung zumeist sehr komplexer Probleme unter den Bedingungen eines geringen Erkenntnisstandes zu verbessern.» Diese Charakterisierung dürfte immer noch auf sehr viele Forschungsgegenstände der Betriebswirtschaftslehre zutreffen.

Kleining/Witt nennen vier Grundregeln zur Optimierung der Entdeckungschancen im Rahmen einer qualitativ-heuristischen Forschung (Kleining 1982: 7 ff., vgl. Kleining/Witt 2000: Absatz 7 ff.):

1. Die Forschungsperson soll neuen Konzepten gegenüber offen sein und ihr Vorverständnis ändern, wenn die Daten dies verlangen.

2. Der Forschungsgegenstand ist vorläufig und kann sich während des Forschungsprozesses ändern.
3. Die Datensammlung soll unter dem Gesichtspunkt der maximalen strukturellen Variation erfolgen.
4. Die Analyse geschieht immer in Richtung auf Gemeinsamkeiten.

Mit struktureller Variation ist gemeint, dass ein Forschungsgegenstand aus verschiedenen Perspektiven, zu verschiedenen Zeitpunkten, mit verschiedenen Methoden, in unterschiedlichen Situationen und auf der Basis variierender Erklärungsmodelle untersucht wird. Damit entspricht dieser Terminus dem bereits eingeführten Begriff des methodisch-konzeptionellen Pluralismus, auf dem die Exploration mittels Bezugsrahmen basiert.

5.4 Explorative Forschung

Das hier beschriebene methodische Vorgehen zeigt auf, über welche «Etappen» oder «Meilensteine» der Weg vom Konzeptions- zum Entscheidungsrahmen führen soll. Ausgehend von einem Begriffs- und Hypothesenschema, welches auf Erkenntnissen aus der Literatur basiert, wird mit verschiedenen Methoden der Sozialforschung versucht, die identifizierten Elemente in einen Zusammenhang zu bringen und die Beziehungen zwischen den Elementen zu untersuchen. Die schlussendlich resultierenden Gestaltungsempfehlungen sind als Zwischenergebnisse auf dem Weg zu praxeologischen Aussagen zu verstehen.

Ein als Exploration zu bezeichnender Forschungsprozess erlaubt die Konstruktion eines Netzes von unterschiedlich bewährten und präzisierten Hypothesen, die in ihrer Gesamtheit als Basis für weitere Forschungsaktivitäten (theoretisches Wissenschaftsziel) und für die Entscheidungsfindung (praktisches Wissenschaftsziel) dienen können. Nach Erich Kosiol «(…) ist für eine realitätsbezogene Theorie innerhalb der Betriebswirtschaftslehre zu fordern, daß ihre Axiome intersubjektiv prüfbare und damit empirisch gehaltvolle Ausgangssätze sind, also echte Hypothesen, die (…) eine Erklärung und Prognose der realen Erscheinungen ihres Gegenstandsbereichs gestatten.» (Kosiol 1964: 747 f.).

Blumer charakterisiert den Begriff der Exploration wie folgt: «Die explorative Erforschung des menschlichen Zusammenlebens ist das Mittel, um gleichzeitig zwei (…) miteinander verbundene Ziele zu erreichen. Einerseits ist sie der Weg, über den ein Forscher eine enge und umfassende Bekanntschaft mit einem

Bereich des sozialen Lebens herstellen kann (...). Andererseits ist sie das Mittel, um seine Untersuchung zu entwerfen und zu verbessern (...). Exploration ist per Definition eine flexible Vorgehensweise, in der der Wissenschaftler von einer zu einer anderen Untersuchungsmethode wechselt, im Verlauf der Studie neue Beobachtungspositionen einnimmt, in der er sich in neue Richtungen bewegt, an die er früher nicht dachte (...). Das Ziel der exploratorischen Forschung ist es, ein entsprechend den Umständen möglichst umfassendes und genaues Bild des zu untersuchenden Bereiches zu entwickeln und auszufüllen.» (Blumer 1981: 122 f. und 124).

Thom (1984: 146) definiert Exploration als «(...) Vorgehen, das gestützt auf kenntlich gemachtem Vorwissen aus der (...) Literatur, unter Verwendung von Methoden der empirischen Sozialforschung (incl. der zugehörigen Statistik) zu einem vertieften Verständnis und einer besseren Beherrschung von (...) Systemen in Unternehmungen gelangen will.» In einer explorativen Forschungskonzeption geht es weniger um die Verifikation bzw. die Falsifikation von Hypothesen, sondern vielmehr um die Hypothesenfindung und -präzisierung. Vergleiche hierzu auch (Becker 1993: 111 ff.), der das aufschlussreiche Konzept einer «bezugsrahmen-orientierten explorativen Studie» vorstellt.

5.5 Stufen der Theorieentwicklung

5.5.1 Vorbemerkungen

Ausgehend von den Anforderungen an eine «gute Theorie» formuliert Grochla drei primäre Ziele der (Organisations-)Forschung. Es sind dies ein hoher Informationsgehalt (Informativität), ein hoher empirischer Bestätigungs- bzw. Bewährungsgrad sowie eine gute entscheidungstechnische Verwendbarkeit (vgl. Grochla 1978: 55 ff. und 66 ff.). Diese Ziele lassen sich nur in einem mehrstufigen Forschungsprozess unter Verwendung verschiedener Forschungsstrategien erreichen (vgl. Grochla 1978: 68 ff. sowie 98).

Die Stufen der Theorieentwicklung bauen im Sinne einer logischen Ordnung aufeinander auf. Grochla (1978: 99) spricht von *Vorkopplungsbeziehungen* und meint damit, dass «(...) die wissenschaftlichen Leistungen auf einer Entwicklungsstufe jeweils an den zu erbringenden Leistungen der nächsthöheren Entwicklungsstufe orientiert sein müssen.» Es bestehen aber auch *Rückkopplungsbeziehungen,* da begriffliche Aussagen häufig von der Beschreibung der Elemente des Bezugsrahmens (deskriptive Stufe) sowie den Beziehungen zwischen diesen Elementen (explanatorische Stufe) beeinflusst werden. Kirsch (1984: 765) hält in diesem Zusammenhang fest: «Das volle Potential einer explorativen empirischen Forschung (...) wird nur ausgeschöpft, wenn die Forschungsepisode intensive Rückkopplungen zum Bezugsrahmen realisiert.» Hinzu kommt, dass eine eindeutige Trennung von Deskription und Explanation aus praktischen Gründen nicht möglich ist. Es ist also durchaus zulässig, dass Forschende von vorläufigen Begrifflichkeiten ausgehen und damit versuchen, die Wirklichkeit zu beschreiben und Wirkungszusammenhänge zu erfassen, um dann festzustellen, dass sie die Begriffe anpassen müssen, um den Gegenstandsbereich ihrer Forschungsbemühungen besser darstellen zu können. Forschungsprozesse haben daher häufig einen zyklischen Charakter (vgl. Grochla 1978: 99). Wie später noch detailliert darzulegen ist, können die drei möglichen Forschungsstrategien auf jeder einzelnen Stufe der Theorieentwicklung einen Beitrag liefern, der jeweils auf deren übergeordnetes Ziel (Informationsgehalt, empirische Bestätigung und entscheidungstechnische Verwendbarkeit) ausgerichtet ist. Es wird zudem aufgezeigt, dass sich die Forschungsstrategien gegenseitig bedingen.

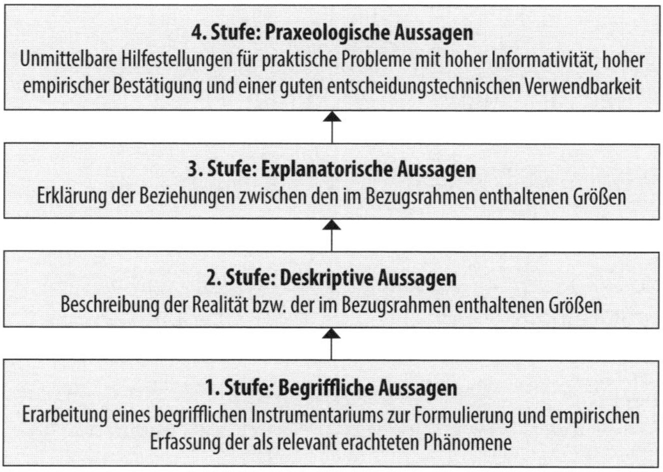

Abbildung 11: Stufen der Theorieentwicklung (Eigene Darstellung nach Grochla 1978: 68 ff. und 98)

5.5.2 Begriffliche Aussagen

Zweckmäßig abgegrenzte Begriffe stellen das «Handwerkszeug» von Forschenden dar. Aus diesem Grund stehen begriffliche Aussagen am Anfang jedes Forschungsprozesses. Durch die Festlegung der Begrifflichkeiten nehmen Forschende auch eine grobe Abgrenzung des Untersuchungsgegenstandes vor. Eine ausschließlich institutionelle Fassung des Begriffs Personalmanagement schließt die Analyse instrumenteller Aspekte beispielsweise weitgehend aus. Ein anderes Beispiel ist der Wissensbegriff: Die Beschränkung auf explizite Formen des Wissens führt zu einer sehr starken Einengung des Forschungsfeldes. Unter Berücksichtigung des iterativen Charakters von Forschungsprozessen ist es durchaus zulässig, zu Beginn eines Vorhabens provisorische Definitionen zu erarbeiten und diese dann mit zunehmendem Erkenntnisfortschritt zu präzisieren.

5.5.3 Deskriptive Aussagen

Auf der zweiten Stufe der Theorieentwicklung wird das begriffliche Instrumentarium dazu verwendet, die Realität bzw. die im Bezugsrahmen enthaltenen Variablen zu beschreiben. Forschende, die sich zum Beispiel mit Arbeitszeitmanagement beschäftigen, müssen, nachdem sie diesen Begriff definiert haben, u. a. ausführen, welche Rahmenbedingungen bei der Gestaltung von Arbeitszeitsystemen relevant sind, welche Formen von Arbeitszeitsystemen zur Verfügung stehen und welche Kriterien zur Beurteilung herangezogen werden können (vgl. Thom/Blum/Zaugg 2002). Wie bereits zuvor angedeutet, lassen sich deskriptive Aussagen nicht immer eindeutig von explanatorischen Aussagen unterscheiden. Die Nennung der für ein bestimmtes Thema relevanten Variablen kann auch etwas über deren Beziehung zueinander aussagen. Schon allein die Unterscheidung zwischen Bedingungsgrößen, Zielgrößen, Effizienz- und Effektivitätsgrößen sowie Aktionsparametern – Systematisierungen, wie sie in Bezugsrahmen dieser Stufe häufig verwendet werden – liefert einen ersten Hinweis darauf, welche Größen beeinflussbar und welche als gegeben zu betrachten sind.

5.5.4 Explanatorische Aussagen

Nachdem die Elemente des Bezugsrahmens vorgestellt und durch eine geeignete Terminologie beschrieben worden sind, befasst sich die dritte Stufe der Theorieentwicklung mit der Untersuchung der Beziehungen zwischen den Variablen. Dabei geht es nicht nur um den Nachweis einer Beziehung, sondern auch um die Ermittlung der Wirkungsrichtung und der Stärke der untersuchten Beziehung. Explanatorische Aussagen lassen sich wie folgt gewinnen: Im Rahmen einer sachlich-analytischen Forschungsstrategie werden präzise und inhaltlich angereicherte Annahmen über Wirkungszusammenhänge (Hypothesen) formuliert. Diese hypothetisch-spekulativen Aussagen können dann mittels einer empirischen Forschungsstrategie überprüft und dadurch in empirisch-kognitive Aussagen überführt werden. Auf der Basis dieser Daten kann dann die Erarbeitung einer modell-analytischen Problemlösung stattfinden.

5.5.5 Praxeologische Aussagen

Auf der letzten Stufe der Theorieentwicklung stehen die praxeologischen Aussagen, also unmittelbare Hilfestellungen für praktische Problemlösungen. Gesetzmäßigkeiten, wie sie aus der Physik oder den Ingenieurwissenschaften bekannt sind, stellen Beispiele praxeologischer Aussagen dar. In der Betriebswirtschaftslehre treten solche grundlegenden Gesetzmäßigkeiten selten auf. Dies hängt mit der Komplexität und der Dynamik des Gegenstandbereichs der Betriebswirtschaftslehre zusammen. Aus diesem Grund sind praxeologische Aussagen dieser Disziplin in der Regel instrumentelle Aussagen, die darüber Auskunft geben, «(…) unter welcher Zielsetzung welche Maßnahmen für bestimmte Aufgaben unter den jeweils herrschenden Bedingungen (…)» (Grochla 1978: 70) welche Wirkungen hervorrufen. Wie zuvor erwähnt, müssen diese Aussagen die formalen Anforderungen eines hohen Informationsgehaltes, eines hohen Bestätigungsgrades und einer guten entscheidungstechnischen Verwendbarkeit erfüllen.

Da durch eine enge Abgrenzung des Untersuchungsgegenstandes eher sichergestellt werden kann, dass alle inhaltlichen und formalen Anforderungen praxeologischer Aussagen erfüllt sind, sollte die in einem Forschungsprozess erreichte Stufe der Theorieentwicklung nicht als alleiniges Qualitätskriterium herangezogen werden. Es ist vielmehr auch zu beurteilen, welchen Nutzen die gewonnenen Aussagen für die Lösung praktischer Probleme aufweisen. So kann es unter

Umständen wesentlich sinnvoller sein, ein komplexes betriebswirtschaftliches Problemfeld – wie beispielsweise das nachhaltige Personalmanagement – auf einer deskriptiven Stufe detailliert zu beschreiben und auf einer explanatorischen Stufe punktuell zu vertiefen, als in einem sehr engen Problemfeld zu zweifellos sehr präzisen, aber für die Problemlösung nicht unbedingt relevanten praxeologischen Aussagen zu kommen.

5.6 Strategien der explorativen Forschung

5.6.1 Vorbemerkungen

Die Methodologie (Wissenschaftstheorie im engeren Sinne) befasst sich mit der Analyse der Methoden und Techniken der (Sozial-)Forschung. Radnitzky umschreibt diesen Begriff in Anlehnung an Hans Albert (1962) als «Technologie des Erkenntnisfortschritts» (vgl. Radnitzky 1992: 467).

Nachfolgend werden drei Forschungsstrategien vorgestellt, die sich aus den Anforderungen an praxeologische Aussagen ableiten lassen. Es sind dies die sachlich-analytische Forschungsstrategie, die zu einem hohen Informationsgehalt (Informativität) führt, die empirische Forschungsstrategie, die auf die empirische Bestätigung abzielt, sowie die formal-analytische Forschungsstrategie, die auf eine gute entscheidungstechnische Verwendbarkeit ausgerichtet ist. Abbildung 12 stellt den Zusammenhang zwischen den Forschungsstrategien und den Stufen der Theorieentwicklung im Überblick dar (vgl. Grochla 1978: 98).

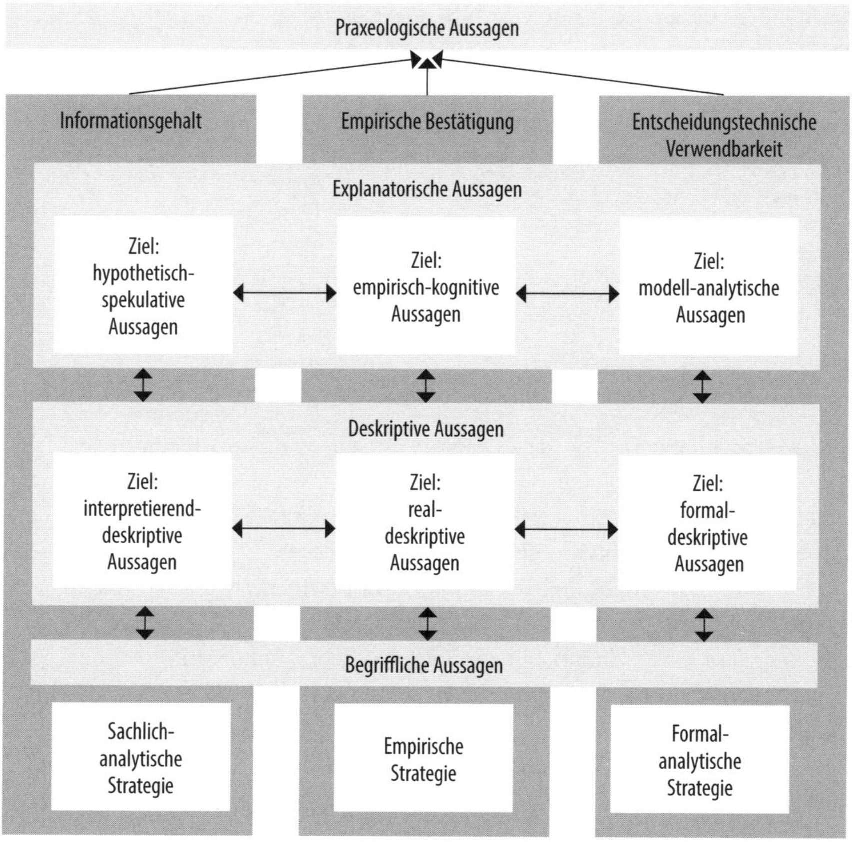

Abbildung 12: Forschungsstrategien

Für jede einzelne Strategie werden deren Merkmale und die pro Stufe der Theorieentwicklung angestrebten Forschungsziele vorgestellt.

5.6.2 Sachlich-analytische Forschungsstrategie

5.6.2.1 Stufen der sachlich-analytischen Forschungsstrategie

Die sachlich-analytische Forschungsstrategie ist «(…) auf die Durchdringung komplexer Zusammenhänge und die Erarbeitung von Handlungsgrundlagen (…)» (Grochla 1978: 72) ausgerichtet. Sie dient der laufenden Präzisierung und Ergänzung der Elemente des Bezugsrahmens, ohne diese empirisch zu überprüfen. Sie basiert auf einem kontinuierlichen Denkprozess, der von bekannten Variablen ausgeht, diese abwechselnd präzisiert und erweitert, um anschließend zu neuen Variablen und Annahmen über Wirkungszusammenhänge zu kommen, die wiederum präzisiert und erweitert werden.

Auf der Stufe der begrifflichen Aussagen konzentriert sich die sachlich-analytische Forschungsstrategie darauf, die relevanten Begriffe zu umschreiben. Sie stützt sich dabei auf eine Literaturanalyse, logische Denkprozesse und Kreativitätstechniken. Auf der Stufe deskriptiver Aussagen werden dann *interpretierend-deskriptive Aussagen* formuliert, welche «(...) die Relevanz der entwickelten Konzepte durch Hinweise auf ihre bisherige literarische Behandlung und ihre praktische Bedeutung exemplarisch (aufzeigen sowie) bestimmte Grundannahmen (formulieren), die mehr deskriptiven als explizit hypothetischen Charakter tragen.» (Grochla 1978: 73). Auf der dritten Stufe der Theorieentwicklung führt die sachlich-logische Strategie zu begründeten Kausalannahmen. Sie werden in der Regel als Hypothesen (hypothetisch-spekulative Aussagen) bezeichnet und können die folgenden Formen aufweisen (vgl. Diekmann 2020: 124 ff.):

- *Deterministische Hypothesen:* Gesetzmäßigkeiten in der Physik ($E=mc^2$). Deterministische Hypothesen sind in den Sozialwissenschaften eher selten.
- *Probabilistische Hypothesen (Wahrscheinlichkeitshypothesen):* In Städten ist das Risiko einer Atemwegserkrankung größer als auf dem Land.
- *Wenn-dann-Hypothesen (als Implikation oder als Äquivalenz):* Ein Unternehmen, das bereits flexible Arbeitszeitsysteme einsetzt, ist gegenüber weiteren Flexibilisierungsschritten aufgeschlossener als ein Unternehmen, das noch keine flexiblen Arbeitszeitsysteme verwendet.
- *Je-desto-Hypothesen (monotoner oder nicht-monotoner Zusammenhang):* Je höher die Schulbildung einer Person ist, desto höher ist ihr Einkommen.
- *Individualhypothesen (vgl. Je-desto-Hypothesen)*
- *Kollektivhypothesen:* Bei einem hohen Zufriedenheitsniveau der Mitarbeitenden eines Unternehmens steigt deren Produktivität.
- *Kontexthypothesen:* Je multikultureller die Belegschaft eines Unternehmens zusammengesetzt ist, desto größer ist das Verständnis einzelner Mitarbeitenden für andere Kulturen.

Kausalannahmen (d. h. explanatorische Aussagen) können selbst unterschiedliche Präzisierungsgrade aufweisen. Am Anfang steht die (1) Annahme einer Beziehung zwischen zwei Variablen (Verbundenheitsannahmen), dann folgen die Bestimmung der (2) Richtung der Beziehung (Asymmetrieannahme) und das (3) Vorzeichen der Beziehung (Vorzeichenannahme). Den höchsten Informationsgehalt weist die zusätzliche Annahme der (4) Stärke der Beziehung (Intensitätsannahme), ausgedrückt durch einen Korrelationskoeffizienten auf (vgl. Grochla 1978: 75). Da die sachlich-analytische Forschungsstrategie nicht nach einer empirischen Überprüfung von Kausalannahmen strebt, muss sie diese umfassend begründen, um so deren Plausibilität zu belegen.

5.6.2.2 Methoden der sachlich-analytischen Forschungsstrategie

Im Rahmen einer sachlich-analytischen Forschungsstrategie können die folgenden Methoden der Sozialforschung zur Anwendung kommen:

- Quantitative und qualitative *Literaturanalyse* inkl. Metaanalysen (vgl. Fricke/Treinies 1985), wie beispielsweise die Grounded Meta-Analysis (vgl. Hossler/Scalese-Love 1989).
- *Dokumentenstudium* (z. B. Auswertung von Geschäftsberichten oder sonstiger Unternehmenspublikationen).
- *Sekundärforschung,* sofern es sich nicht um die Re-Analyse empirischer Daten handelt, die in anderen Forschungsprojekten erhoben wurden. Diese Form der Sekundäranalyse wird der empirischen Forschungsstrategie zugewiesen (vgl. Diekmann 1998).
- *Kreativitätstechniken:* Brainstorming und Brainwriting, Synektik, morphologische Methode (systematische Variation), Mind-Mapping, Konfrontationstechniken und Zufallsanregung (vgl. Higgins/Wiese 1996, Backerra/Malorny/Schwarz 2020). Kubicek spricht von der Konstruktion wissenschaftlicher Aussagen als kreativen gedanklichen Prozess (vgl. Kubicek 1977: 12).
- Die Analyse des eigenen Denkens, Fühlens und Handelns wird als *Introspektion* bezeichnet (vgl. Mayring 2023: 28 f.). Die Introspektion ist als Methode der Sozialforschung stark umstritten, findet aber im Rahmen der qualitativen Forschung wieder vermehrt Akzeptanz (vgl. Lyons 1986).

5.6.3 Empirische Forschungsstrategie

5.6.3.1 Stufen der empirischen Forschungsstrategie

Die empirische Forschungsstrategie ist auf die empirische Bestätigung der als relevant erachteten Variablen und der Kausalzusammenhänge zwischen diesen Variablen ausgerichtet. Sie prüft, ob die im Rahmen der sachlich-analytischen Forschungsstrategie geäußerten interpretativ-deskriptiven und hypothetisch-spekulativen Aussagen in real-deskriptive bzw. empirisch-kognitive Aussagen überführt werden können. Auf der Stufe der begrifflichen Aussagen unterscheidet sich die empirische Forschungsstrategie dadurch von der sachlich-analytischen, dass sie Begriffe wählt, die beobachtbare oder messbare Sachverhalte umschreiben und die von den befragten Personen verstanden werden, falls diese damit konfrontiert werden. In diesem Sinne müssen im Rahmen einer sachlich-analytischen Forschungsstrategie festgelegte Begriffe in eine den Befragten angemessene Sprache «übersetzt» werden. Ein zu hoher Abstraktions- oder Differenzierungsgrad erweist sich in der empirischen Praxis als nicht zweckmäßig.

Auf der nächsten Stufe der Theorieentwicklung untersucht die empirische Forschungsstrategie, ob die auf der begrifflichen Ebene implizit entwickelte Vorstellung von der Realität des Untersuchungsobjektes sowie die im Rahmen der sachlich-analytischen Forschungsstrategie beschriebenen Modelle und Konzepte die Realität tatsächlich angemessen abbilden. Auch hier zeigt sich die schwierige Abgrenzung zwischen Deskription und Explanation. Es dürfte sich als praktisch unmöglich erweisen, die Variablen eines Untersuchungsbereiches in der Realität zu untersuchen, ohne zumindest implizit oder partiell Annahmen über deren Zusammenwirken zu thematisieren. Die Beschreibung der Entwicklung eines Unternehmens über einen längeren Zeitraum im Rahmen einer Fallstudie oder die Bestandsaufnahme bezüglich der in einem Wirtschaftsraum eingesetzten Arbeitszeitmodelle im Rahmen einer quantitativen Erhebung sind als Beispiele für real-deskriptive Aussagen zu nennen. Eine Vielzahl von empirischen Forschungsbemühungen der Betriebswirtschaftslehre beschränkt sich auf deskriptive Aussagen und stößt nur punktuell auf die Ebene der Explanation vor. Dies hängt unter anderem mit der Vielschichtigkeit betriebswirtschaftlicher Objektbereiche und dem damit verbundenen Zwang zur engen Abgrenzung von Forschungsvorhaben zusammen. Es ist Einzelforschern nur mit großem Aufwand möglich, einen realitätsbezogenen und daher relativ breiten Objektbereich in der für explanatorische Aussagen erforderlichen Tiefe zu ergründen. Dies wäre mit aufeinander aufbauenden Forschungsvorhaben zu realisieren. Leider erschweren die föderalistischen Strukturen des Wissenschaftsbetriebes und die Haltung, dass es häufiger als lohnender angesehen wird, etwas Neues zu erforschen, als etwas Bestehendes weiterzuentwickeln, diese Form des Erkenntnisfortschrittes.

Wenn es gelingt, Beziehungen zwischen den Elementen eines Bezugsrahmens empirisch nachzuweisen, stößt die empirische Forschungsstrategie auf die explanatorische Stufe der Theorieentwicklung vor und kommt zu empirisch-kognitiven Aussagen. Diese Aussagen basieren auf inhaltlich präzisierten und angereicherten

Hypothesen, die sich bestätigen oder verwerfen lassen. Um das Gestaltungspotenzial empirisch-kognitiver Aussagen nutzen zu können, ist detailliert aufzuführen, unter welchen Bedingungen, d. h. für welche präzise abgegrenzten Gegenstandsbereiche die postulierten Ursache-Wirkungs-Zusammenhänge nachgewiesen werden können. Es bleibt anzumerken, dass auch die empirisch gestützte Hypothesenfindung und -präzisierung ein lohnendes Forschungsziel darstellt, da «(…) je präziser eine kausale Annahme formuliert ist, desto größer ist ihre Prüfbarkeit und desto höher ist der Erkenntniswert einer empirischen Bestätigung» (Grochla 1978: 80).

5.6.3.2 Methoden der empirischen Forschungsstrategie

Der empirischen Forschungsstrategie steht eine große Fülle von Methoden zur Verfügung. Es gilt zwischen Verfahren zur Stichprobenauswahl, Erhebungsverfahren, Aufbereitungsverfahren, Auswertungsverfahren und Darstellungsverfahren zu unterscheiden.

Einen systematischen Überblick gängiger *Stichprobenverfahren* bieten Kühn/Kreuzer (2006: 119 ff.). Sie nennen die einstufige und die mehrstufige Zufallsauswahl, die Random-Quota-Auswahl und die Random-Route-Auswahl sowie die bewusste Auswahl. Mit der Definition der Grundgesamtheit wird festgelegt, welche Personen grundsätzlich als Untersuchungssubjekte infrage kommen (z. B. die Personalverantwortlichen aller Unternehmen mit mehr als 500 Mitarbeitenden in der Schweiz). Diese Festlegung hat den Kriterien der Eindeutigkeit und der Ergiebigkeit zu genügen. Aus Machbarkeits- bzw. Kostengründen wird aber häufig nur eine Auswahl der möglichen Untersuchungssubjekte, eine Stichprobe, befragt. Bei den Auswahlverfahren ist zwischen der einstufigen und mehrstufigen Zufallsauswahl, gemischten Verfahren sowie der bewussten Auswahl zu unterscheiden. Während die Zufallsauswahl bei quantitativen Erhebungen im Vordergrund steht, liegt bei qualitativen Studien in der Regel eine bewusste Auswahl vor. Dass auch bei qualitativen Designs eine systemische Auswahl von Untersuchungsfällen möglich ist, zeigt Blum, der einen Auswahlprozess konzipiert, der sich an der Grundidee der Grounded Theory (vgl. Glaser/Strauss 1967) und des «dimensional sampling» (vgl. Arnold 1970: 147 ff.) orientiert (vgl. Blum 1999: 274 ff.).

Bei den Erhebungsverfahren der Sozialforschung wird zwischen der Primärforschung (Feldforschung) und der Sekundärforschung (Schreibtischforschung) unterschieden. Im Zusammenhang mit Fallstudien bei Unternehmen sind die Erhebung und Analyse von Organisationsdaten zu erwähnen. Falls die Sekundärdaten nicht ausreichen, kann eine eigene Primärerhebung durchgeführt werden (vgl. Meyermann/Gebel/Liebig 2019: 1321 ff.).

In der Differenzierung von Erhebungsverfahren der Primärforschung haben sich die Beobachtung, die Befragung, das Experiment und das Dokumentenstudium als zentrale Kategorien herausgebildet. Abbildung 13 stellt die wichtigsten Erhebungsverfahren der Primärforschung im Überblick dar. Es ist zu beachten, dass die Hauptformen miteinander kombiniert werden können und deren Arten bzw. Unterformen ebenfalls in Kombination auftreten.

Beobachtungen sind das «(…) systematische Erfassen, Festhalten und Deuten sinnlich wahrnehmbaren Verhaltens zum Zeitpunkt seines Geschehens.» (Atteslander 2010: 73). Grundsätzlich gilt es, zwischen strukturierten und unstrukturierten, passiv oder aktiv teilnehmenden (vgl. Friedrichs/Lüdtke 1973) und verdeckten oder offenen Beobachtungsformen zu unterscheiden (vgl. Atteslander 2010: 86 ff.). Diekmann (2020: 563 ff.) unterscheidet zusätzlich die Feldbeobachtung und die Laborbeobachtung sowie die Fremdbeobachtung und die Selbstbeobachtung. Die Wahl einer angemessenen Beobachtungsform hängt vom Untersuchungsgegenstand und von den Untersuchungszielen ab. Neben methodologischen Überlegungen sind – insbesondere im Fall der verdeckten Beobachtung – ethische Reflexionen anzustellen (vgl. Atteslander 2010: 103 ff.).

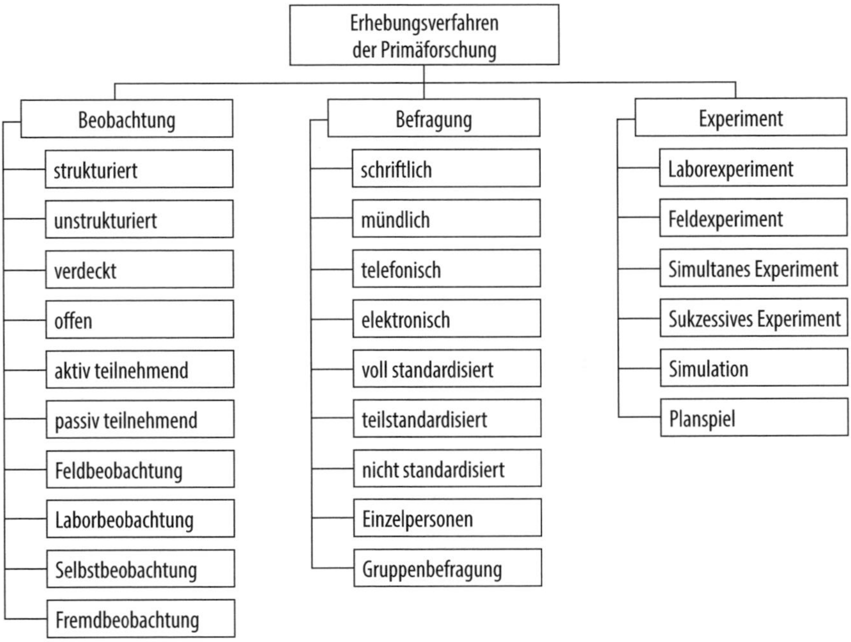

Abbildung 13: Erhebungsverfahren der Primärforschung

Befragungen: Die Bandbreite möglicher Befragungsformen reicht von einer Volksbefragung bis hin zum Interview einer einzelnen Fachperson. Eine grobe Unterscheidung ergibt sich durch die Kriterien Standardisierung, Durchführungsform, Zielgruppe und Stichprobe (vgl. Abbildung 14).

Um die Vielfalt möglicher Befragungsformen einzuengen, werden einige typische Befragungsformen vorgestellt, die häufig zur Anwendung kommen:

- *Postalische Befragung* mittels schriftlichem Fragebogen: Standardisierung: hoch; Durchführungsform: schriftlich; Zielgruppe: Einzelpersonen; Stichprobe: groß; Beispiel: Berufsbildstudien (vgl. Cantin/Thom 1996) oder Breitenbefragungen (vgl. Zaugg 1996: 281 ff., Blum 1999: 187 ff., Zaugg/Blum/Thom 2001).
- *Telefonische Befragung:* Standardisierung: hoch; Durchführungsform: mündlich; Zielgruppe: Einzelpersonen; Stichprobe: mittel bis groß; Beispiel: Marktforschung oder Meinungsumfragen.
- *Expertenbefragung* mittels narrativer oder problemzentrierter Interviews unter Verwendung eines Interviewleitfadens: Standardisierung: gering; Durchführungsform: mündlich; Zielgruppe: Einzelpersonen; Stichprobe: klein; Beispiel: Expertenbefragung zur Personalgewinnung in schweizerischen Unternehmen (vgl. Zaugg 1996: 252 ff.).

<table>
<tr><th>Kriterien</th><th colspan="6">Ausprägungen</th></tr>
<tr><td>Standardisierung</td><td colspan="2">voll standardisiert</td><td colspan="2">teilstandardisiert</td><td colspan="2">nicht standardisiert</td></tr>
<tr><td>Durchführungsform</td><td>schriftlich</td><td colspan="2">mündlich</td><td colspan="2">telefonisch</td><td>elektronisch</td></tr>
<tr><td>Zielgruppe</td><td colspan="3">Einzelpersonen</td><td colspan="3">Gruppen</td></tr>
<tr><td>Stichprobe</td><td colspan="2">groß</td><td colspan="2">mittel</td><td colspan="2">klein</td></tr>
</table>

Abbildung 14: Morphologisches Modell der Befragungsformen

- *Delphi-Studie:* Standardisierung: mittel bis hoch; Durchführungsform: schriftlich/elektronisch; Zielgruppe: Einzelpersonen; Stichprobe: mittel bis klein; Beispiel: Trendaussagen zur Entwicklung der Marketing-Kommunikation (vgl. Pasquier/Weiss/Felser 1994) oder Tendenzen in der Didaktik der Organisationslehre an Schweizer Universitäten und wissenschaftlichen Hochschulen (vgl. Cantin/Thom 1995).
- *Online-Befragung:* Standardisierung: hoch; Durchführungsform: elektronisch; Zielgruppe: Einzelpersonen; Stichprobe: groß; Beispiel: Befragung von Studierenden zum Personalmarketing (vgl. Gsponer 2000).

- *Gruppendiskussion oder Gruppenbefragung:* Standardisierung: gering; Durchführungsform: mündlich; Zielgruppe: Gruppen; Stichprobe: klein; Beispiel: Einstellungen von Schülern zum Thema Arbeitslosigkeit in der Familie (vgl. Schindler/Wetzels 1985).

Das *Experiment* ist häufig eine Kombination von Beobachtung und Befragung. Es lässt sich daher nicht trennscharf von den vorgenannten Erhebungsverfahren der Primärforschung abgrenzen. Zimmermann (1972: 37) definiert das Experiment sinngemäß als eine wiederholbare Beobachtung unter kontrollierten Bedingungen, bei der Variablen so verändert werden, dass die Annahmen über Wirkungszusammenhänge in unterschiedlichen Situationen gemessen werden können. Mitunter die bekanntesten Experimente in der Betriebswirtschaftslehre dürften die von Mayo und Röthlisberger durchgeführten Hawthorne Experimente darstellen (vgl. Roethlisberger/Dickson 1939). Sie markieren den Übergang vom Scientific Management zur Human Relations Bewegung.

- *Laborexperimente* finden in künstlich geschaffenen Situationen unter weitgehend kontrollierbaren Bedingungen statt (vgl. Stapf 1999). Die Tatsache, dass die Versuchspersonen in einem «unnatürlichen» Umfeld agieren, kann die Ergebnisse beeinflussen.
- *Feldexperimente* werden in der natürlichen Umgebung des Untersuchungsobjektes durchgeführt (vgl. Gachowetz 1999).
- Das *simultane* und das *sukzessive Experiment* unterscheiden sich darin, dass im ersten Fall zwei oder mehrere Gruppen gleichzeitig untersucht werden (z. B. auch eine Kontrollgruppe) und im zweiten Fall mit *einer* Gruppe mehrmals zu verschiedenen Zeitpunkten experimentiert wird.
- Die *Simulation* und das *Planspiel,* welche bereits in der Eignungsdiagnostik Anwendung finden, eignen sich auch zur Ermittlung von Verhaltensmustern von Einzelpersonen oder Gremien (z. B. Geschäftsleitungen oder Kreativitätsteams) – auch unter Extrembedingungen – und ermöglichen die Abbildung relativ komplexer Modelle. Diese Formen des Experimentes werden häufig computerunterstützt durchgeführt.

Die Tatsache, dass das Experiment in den Sozialwissenschaften im Vergleich zu anderen Erhebungstechniken eher selten eingesetzt wird, hängt vermutlich mit der Kritik an diesem Instrument zusammen. Es werden ihm eine Tendenz zur Self-Fulfilling- und Self-Destroying-Prophecy, eine selektive Abbildung der Realität sowie eine Manipulation der Versuchspersonen vorgeworfen (vgl. Atteslander 2010: 188 ff.). In letzter Zeit hat das Experiment in der Form von Pilotprojekten allerdings wieder vermehrt an Bedeutung gewonnen (vgl. Blum/Zaugg 2002). Pilotprojekte erlauben den Test eines Instrumentes oder eines Programms unter Normalbedingungen. Die breite Einführung des untersuchten Instrumentes kann dann nach der erfolgreichen Evaluation des Pilotprojektes erfolgen. Folgenschwere Fehlentwicklungen oder Mängel lassen sich in Pilotprojekten frühzeitig identifizieren und beheben.

Bei der Datenaufbereitung sind Datentabellen, Strichlisten, Codierpläne und Protokolle als häufigste Instrumente zu nennen. Mithilfe von Softwarepaketen (wie SPSS, vgl. z. B. Field (2009), Brosius (2018)) und Plattformen kann die Datenaufbereitung wirkungsvoll unterstützt werden. Eine Übersicht der wichtigsten Programme zur Aufbereitung und Analyse im Rahmen der qualitativen Sozialforschung (auch CAQDAS (Computer-Assisted/Aided Qualitative Data Analysis Software) genannt) findet sich bei Mayring (2023: 116 ff.).

Im Bereich der *quantitativen Auswertung* gilt es, zwischen univariaten, bivariaten und multivariaten Verfahren zu unterscheiden. Im Rahmen der *univariaten statistischen Analyse* werden beispielsweise Häufigkeitsverteilungen, Maßzahlen der zentralen Tendenz einer Verteilung (Mittelwerte, Lageparameter oder Lokalisationsmaße) wie der Modus, der Median und das arithmetische Mittel oder Maßzahlen der Streuung wie die Standardabweichung (vgl. Benninghaus 2007: 29 ff., Kromrey/Roose/Strübing 2016: 399 ff., Diekmann 2020: 669 ff.) berechnet. Bei den *bivariaten Verfahren* geht es darum, Beziehungen (Assoziationen, Kontingenzen oder Korrelationen) zwischen zwei Variablen zu untersuchen.

Hypothesen (Annahmen über Kausalbeziehungen) können mithilfe von Signifikanztests überprüft werden (vgl. Diekmann 2020: 704 ff.). Da Signifikanztests nur das Vorhandensein bzw. das Nichtvorhandensein einer Beziehung, nicht aber deren Stärke untersuchen, ist es notwendig, Koeffizienten zu berechnen, die eine Aussage über den Grad der Assoziation zulassen. Die Auswahl der möglichen Koeffizienten ist vom Skalenniveau der Daten abhängig. Bei nominal skalierten Daten können einerseits Chi-quadrat basierende Assoziationsmaße angewandt werden: Phi-Koeffizient, Kontingenzkoeffizient, korrigierter Kontingenzkoeffizient, Cramér's Kontingenzkoeffizient und der nach Tschuprow benannte T-Koeffizient (vgl. Benninghaus 2007: 89 ff.). Andererseits eignet sich auch das PRE-Maß Lambda zur Berechnung von Assoziationen nominalskalierter Daten. Bei der Interpretation dieser Maße ist zu berücksichtigen, dass sie lediglich eine Aussage über das Vorhandensein und die Stärke einer Beziehung zulassen. Über die Richtung der Beziehung geben Koeffizienten Auskunft, die auf der Basis ordinalskalierter Daten berechnet werden. Es sind dies beispielsweise Kendalls Tau a, Tau b und Tau c sowie Godman/Kruskals Gamma (vgl. Benninghaus 2007: 149 ff.). Gamma kann auch als PRE-Maß interpretiert werden. Metrische Daten erlauben zudem die Berechnung des Produkt-Moment-Korrelationskoeffizienten nach Bravais/Pearson (vgl. Benninghaus 2007: 214 ff.). Werden mehrere abhängige und unabhängige Variablen analysiert, ist von *multivariaten Verfahren* die Rede. Beispiele hierfür sind u. a. die Regressionsanalyse, multivariate Mittelwertvergleiche, die multivariate Varianzanalyse, die Diskriminanzanalyse, die Clusteranalyse, die Faktoranalyse, die mehrdimensionale Skalierung und das Conjoint Measurement.

Auf die Methoden der qualitativen Auswertung wird hier nicht eingegangen, weil diese bereits an anderer Stelle Erwähnung gefunden haben.

5.6.4 Formal-analytische Forschungsstrategie

Die formal-analytische Forschungsstrategie ist «(…) an der vereinfachten und mehr oder weniger abstrakten Beschreibung von Problemstrukturen interessiert.» (Grochla 1978: 85). Das im Vordergrund stehende Ziel der entscheidungstechnischen Verwendbarkeit kann erreicht werden, indem Forschende Modelle konzipieren, die auf den Ergebnissen der sachlich-analytischen und der empirischen Forschungsstrategie aufbauen. Der Anspruch einer möglichst realitätsgetreuen Darstellung des Forschungsgegenstandes wird zugunsten einer entscheidungs- und problemlösungsorientierten Betrachtungsweise in den Hintergrund gerückt.

Auf der begrifflichen Ebene bemüht sich die formal-analytische Strategie um eine möglichst weitgehende Klärung bzw. präzise Umschreibung der verwendeten Termini. Dadurch erleichtert sie die anschließende Modellbildung und die Konzeption modell-analytischer Problemlösungsalgorithmen. Mit der Operationalisierung ist bereits ein zentrales Problem des Einsatzes der formal-analytischen Forschungsstrategie in der Betriebswirtschaftslehre angesprochen. Für eine große Zahl betriebswirtschaftlicher Phänomene lässt sich eine präzise Operationalisierung nur im Rahmen einer starken Vereinfachung bewerkstelligen. Es ist daher immer zu prüfen, was ein (mathematisches) Modell effektiv für die Problemlösung leistet und ob die Vereinfachung nicht zu einer realitätsfremden und daher nicht praktikablen Sicht des Untersuchungsgegenstandes geführt hat. Die entscheidungstechnische Verwendbarkeit von Forschungserkenntnissen lässt sich auch durch eine prägnante Aufbereitung von Ergebnissen (z. B. in der Form von Checklisten) und systematische Begründung von Zusammenhängen steigern.

Diese Formen der Modellbildung stiften vermutlich mehr praktischen Nutzen als mit großem Realitäts- und Inhaltsverlust erkaufte mathematische Modelle. Der Zwang zur Realitätsvereinfachung führt unter Umständen zur Entwicklung von formalen Modellen, die auf Vorrat produziert werden und erst nach einer Situation suchen müssen, in der sie anwendbar und nützlich sind.

Ein konzeptionelles Modell kann entweder vor, nach oder parallel zu einer empirischen Untersuchung der Realität entworfen werden. Es ist somit die Voraussetzung und/oder das Ergebnis einer empirischen Forschungsstrategie. Auf der deskriptiven Ebene kommt der formal-analytischen Strategie die Aufgabe zu, die als relevant erachteten Elemente des Bezugsrahmens sachlich logisch, nachvollziehbar und übersichtlich zusammenzustellen. Sie ist damit der sachlich-analytischen Forschungsstrategie sehr ähnlich. Grochla weist aber darauf hin, dass ein wichtiger Unterschied in der ausgeprägten instrumentellen Funktion der Modellbildung besteht (vgl. Grochla 1978: 86). Die Aussagen sind nicht interpretativ im Sinne von Möglichkeitsaussagen, sondern dienen letztlich als formal-deskriptive Aussagen als Grundlage zur Lösung realer Problemsituationen. Auf der explanatorischen Stufe werden die formal-deskriptiven Aussagen in präskriptive Aussagen mit Problemlösungsanspruch (modellanalytische Aussagen) überführt. Das Ausgangsmodell wird so weit differenziert, inhaltlich angereichert und um Wirkungszusammenhänge ergänzt, dass es zur Lösung von Realproblemen im Einzelfall herangezogen werden kann. Als Methoden einer formal-analytischen Strategie sind die Spieltheorie (vgl. Güth 1999), Simulationen (vgl. Law/Kelton 1991), die Szenariotechnik, die Anwendung von Algorithmen und Heuristiken sowie weitere Techniken des Operations-Research zu nennen.

5.7 Arten und Funktionen von Bezugsrahmen

5.7.1 Vorbemerkungen

Wie bereits dargelegt, unterscheidet Grochla zwei Formen von Bezugsrahmen: Den Konzeptionsrahmen und den Entscheidungsrahmen. Er weist zudem darauf hin, dass Entscheidungsrahmen weiterentwickelte Konzeptionsrahmen darstellen (vgl. Grochla 1978: 63), die über die Stufen der Theorieentwicklung zur praktischen Problemlösung, also zu informativen, empirisch bestätigten und entscheidungstechnisch verwendbaren Aussagen führen.

Der vorliegende Ansatz differenziert neu zwischen vier Arten von Bezugsrahmen: dem Begriffsrahmen, dem Beschreibungsrahmen, dem Erklärungsrahmen und dem Entscheidungsrahmen (Abbildung 15).

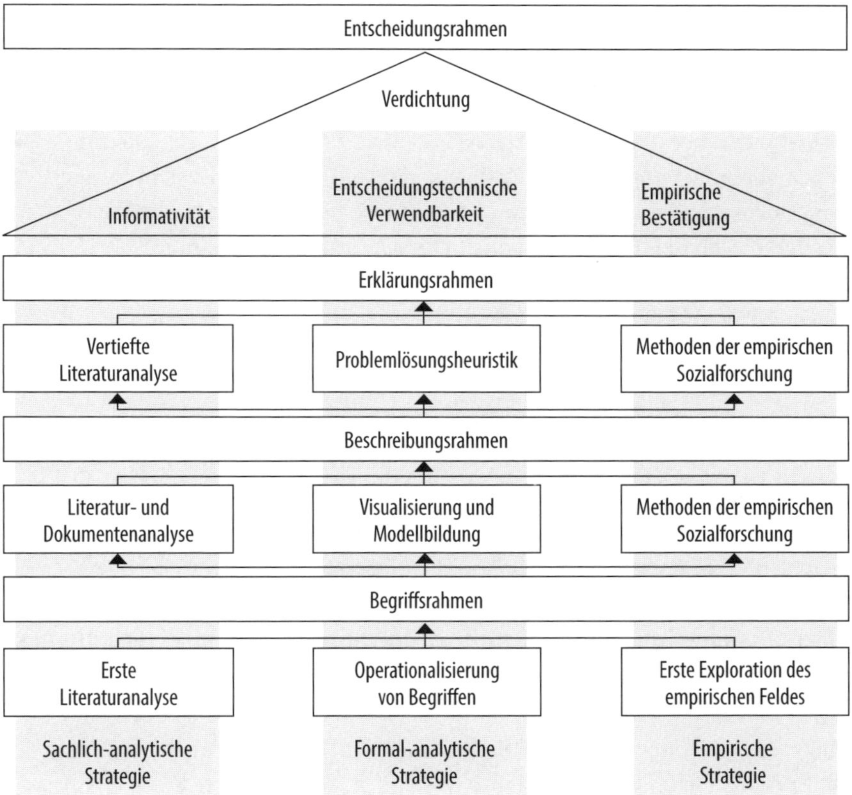

Abbildung 15: Arten von Bezugsrahmen

Anhand des vorgestellten Modells können Forschende analysieren, auf welcher Erkenntnisstufe sich ihr Forschungsgegenstand befindet und welche Schritte sie unternehmen müssen, um einen Erkenntnisfortschritt zu erzielen. Auf diese Weise lassen sich Einzelprojekte auf ein übergeordnetes Erkenntnisinteresse ausrichten und werden anschlussfähig für Folgeprojekte. Rößl (1990: 109) spricht von einer Forschungsverstetigungsfunktion durch die laufende Integration neuer Erkenntnisse in den Bezugsrahmen, der in seiner komplettierten und adaptierten Form als Ausgangspunkt für weitere Forschungen dienen kann.

5.7.2 Begriffsrahmen

Im Begriffsrahmen sind diejenigen Begriffe definiert, welche für die Beschreibung und Analyse des Untersuchungsgegenstandes benötigt werden. Es kann sich dabei auch um Arbeitsdefinitionen handeln, die gemäß dem iterativen Charakter der explorativen Forschung zu einem späteren Zeitpunkt präzisiert werden. Die Begriffe sollten logisch konsistent, informativ, empirisch fassbar und weitgehend operationalisierbar sein. Beim letztgenannten Kriterium ist ein Optimum zwischen Vereinfachung und Realitätsbezug zu erreichen. Kubicek sieht in einer Ausgangsform des Konzeptionsrahmes die Chance für Forschende, ihr Vorverständnis darzulegen und ihre Grundannahmen offenzulegen (vgl. Kubicek 1977: 17).

5.7.3 Beschreibungsrahmen

Der Beschreibungsrahmen führt die zum Untersuchungsgegenstand gehörenden Elemente ein, beschreibt sie und bringt sie in eine erste Ordnung. Er ermöglicht dadurch eine Abgrenzung des Untersuchungsgegenstandes. Durch die Strukturierung bestehender Wissensbausteine fällt es leichter, unerforschte Bereiche aufzuzeigen, d. h. Forschungslücken zu identifizieren (vgl. Rößl 1990: 109). Darauf aufbauend können dann Forschungsfragestellungen formuliert werden. Neben einer Ordnungs- und einer Systematisierungsfunktion (vgl. Rößl 1990: 109) weisen Beschreibungsrahmen auch eine Selektions- und eine Steuerungsfunktion auf (vgl. Kubicek 1975: 39). Diese Funktionen sind auf den nachfolgenden Stufen der Theorieentwicklung zwar ebenfalls auszumachen, sie wirken in einem frühen Stadium des Forschungsprozesses aber wesentlich stärker und haben richtungsweisenden Charakter.

5.7.4 Erklärungsrahmen

Begründete Kausalannahmen (Hypothesen), die empirisch überprüft und in Aussagen mit Problemlösungsanspruch überführt werden, bilden das charakterisierende Merkmal von Erklärungsrahmen. Aus der systematischen Beschreibung des Untersuchungsgegenstandes im Beschreibungsrahmen und einer vertieften Literaturanalyse sowie Introspektion lassen sich hypothetisch-spekulative Aussagen generieren. Die empirische Überprüfung bzw. Präzisierung der Hypothesen kann anhand von qualitativen (z. B. Fallstudie, Expertenbefragungen) und/oder quantitativen Methoden der Sozialforschung erfolgen (z. B. Breitenbefragung, Re-Analyse bestehender Daten). Problemlösungsheuristiken dienen zur Identifikation von Funktionsmechanismen und deren Übersetzung in ein formal-analytisches Modell.

5.7.5 Entscheidungsrahmen

Die hohen Anforderungen (Informationsgehalt, empirische Bestätigung und entscheidungstechnische Verwendbarkeit) an praxeologische Aussagensysteme und daher auch an Entscheidungsrahmen erfordern die Berücksichtigung aller drei Forschungsstrategien. Entscheidungsrahmen haben die Funktion, Problemsituationen zu systematisieren (z. B. durch Typenbildung) und Handlungsempfehlungen abzuleiten, die Hilfestellungen bei der Lösung praktischer Probleme bieten. Sie unterscheiden sich von Erklärungsrahmen durch die explizite Zusammenführung der Forschungsstrategien. Eine Differenzierung zwischen sachlich-analytischen, empirischen und formal-analytischen Aussagen findet nicht mehr statt; an ihre Stelle treten Gestaltungsempfehlungen.

5.8 Was leisten Bezugsrahmen?

Im Sinne einer Gesamtwürdigung werden nachfolgend zehn Funktionen vorgestellt, die Bezugsrahmen in einem explorativen Forschungsprozess übernehmen können:

1. *Abgrenzungsfunktion:* Die Dokumentation des eigenen Wissenstandes in frühen Stadien des Forschungsprozesses erleichtert die Abgrenzung des Untersuchungsgegenstandes. Damit ist nicht gemeint, dass Bezugsrahmen voreiligen Ausgrenzungen Vorschub leisten. Es geht vielmehr darum, festzuhalten, welche Aspekte im Zentrum und welche in der Peripherie der Themenstellung angesiedelt sind (vgl. auch die Selektionsfunktion).
2. *Systematisierungs- bzw. Ordnungsfunktion:* Bezugsrahmen sind iterativ-heuristische Arbeits- und Forschungsinstrumente (vgl. Kubicek 1977: 14 f.), die eine schrittweise Annäherung an die Komplexität realer Entscheidungsprobleme erlauben (vgl. Kirsch 1984: 752). Sie zerlegen komplexe Probleme in

einfachere Teilprobleme (vgl. Kirsch 1984: 760) und ermöglichen die systematische Sammlung und Strukturierung von Wissensbausteinen.

3. *Generierungsfunktion:* Bezugsrahmen regen die Entwicklung von Hypothesen an, weil sie die relevanten Variablen im Überblick darstellen und aufzeigen, welche Elemente als unveränderbare Rahmenbedingungen einer Themenstellung zu akzeptieren und welche Größen als Handlungsparameter aufzufassen sind. Modellhafte Visualisierungen reduzieren die Komplexität realer Systeme und fördern dadurch die Erarbeitung neuer Erklärungsmodelle.
4. *Konkretisierungsfunktion:* Das iterative Vorgehen und die Berücksichtigung mehrerer Forschungsstrategien tragen zu präziseren Begriffsdefinitionen und Hypothesen bei, da Forschende nicht nur nach einer hohen Informativität streben, sondern auch die empirische Überprüfbarkeit und die entscheidungstechnische Verwendbarkeit der verwendeten Termini und Aussagensysteme berücksichtigen. Dadurch steigen deren wissenschaftlich-konzeptionelle Präzision und empirische Überprüfbarkeit (Praxistauglichkeit).
5. *Orientierungsfunktion:* Bezugsrahmen können Forschenden dabei helfen, sich der eingenommenen Perspektive bewusst zu werden und diese konsequent zu bearbeiten. Es macht z. B. sehr wohl einen Unterschied, ob Veränderungskonzepte aus der Sicht der Unternehmensführung oder aus der Sicht der betroffenen Mitarbeitenden untersucht werden.
6. *Selektionsfunktion:* Aus forschungsökonomischen Gründen ist auch die Selektionsfunktion von Bezugsrahmen bedeutsam. Der damit verbundene heuristische Forschungsprozess schafft die Voraussetzungen dafür, dass relevante Informationen *frühzeitig* von weniger relevanten Informationen unterschieden werden können.
7. *Beschreibungsfunktion:* In der Form des Beschreibungsrahmens lassen sich reale Probleme oder konzeptionelle Fragen umfassend darstellen. Dies erleichtert die Identifikation von Forschungslücken und gilt als Basis für den weiteren Forschungsprozess. Die Beschreibung ist auch per se nützlich (z. B. im Rahmen von Fallstudien), da sie Denkprozesse anregt, Erfahrungen weitergibt und Handlungen auslöst.
8. *Erklärungsfunktion:* Inhaltlich angereicherte (präzisierte) oder sogar empirisch überprüfte Hypothesen führen wesentlich direkter zu Problemlösungen als Beschreibungsrahmen, da sie vom konkreten Einzelfall losgelöste Grundsätze oder generalisierbare Tendenzen postulieren, die sich leichter anwenden lassen.

9. *Gestaltungsfunktion:* Auf der Stufe praxeologischer Aussagen bietet der Bezugsrahmen unmittelbare und konkrete Handlungsempfehlungen, die informativ, empirisch überprüft und modellhaft aufbereitet sind.
10. *Vernetzungsfunktion:* Bezugsrahmen erhöhen die Anschlussfähigkeit von Forschungsbemühungen, da sie die Bestimmung des Erkenntnis- bzw. Entwicklungsstandes einer wissenschaftlichen Publikation/Studie erleichtern. Forschende können rascher erkennen, an welchem Punkt sie mit dem eigenen Projekt ansetzen und einen eigenen Bezugsrahmen entwickeln können.

Die erste Erarbeitung eines konzeptionellen Bezugsrahmens sollte möglichst früh erfolgen, da er den weiteren Forschungsprozess erleichtert. Er muss aber dann laufend überprüft und gegebenenfalls modifiziert werden. Forschende können die Darstellung von Bezugsrahmen ihren individuellen Bedürfnissen anpassen. Die Darstellung muss aber den Kriterien der Logik, der Verständlichkeit, der Nachvollziehbarkeit und der Ausgewogenheit genügen.

Die explorative Forschung ist nicht auf die Verifikation bzw. Falsifikation von Hypothesen ausgerichtet, sondern trachtet nach der Hypothesenfindung und deren Präzisierung. Sie kombiniert verschiedene Forschungsansätze und -techniken im Sinne eines konzeptionell-methodischen Pluralismus. Aus diesem Grund ist es von großer Bedeutung, dass die Forschenden alle Schritte ihrer Methodologie gewissenhaft dokumentieren (Postulat der intersubjektiven Nachvollziehbarkeit). Wenn die explorative Forschung mittels Bezugsrahmen als Lernprozess verstanden wird, der nicht nur Einzelpersonen, sondern auch Gemeinschaften von Forschenden umfasst, kann dieser methodologische Ansatz zur Entwicklung von theoretisch fundierten Gestaltungsempfehlungen führen und damit dem praktischen und dem theoretischen Wissenschaftsziel gerecht werden.

6 Fallstudien schreiben

6.1 Vorgehensheuristik im Überblick

Vor dem Hintergrund der Forderung nach intersubjektiver Nachvollziehbarkeit und gewissenhafter Dokumentation des methodischen Vorgehens kann sich die Verwendung einer Vorgehensheuristik zur Erarbeitung von Fallstudien als nützlich erweisen. Der hier vorgestellte Prozess geht auf die zentralen Schritte der Entwicklung von Fallstudien ein und weist auf geeignete Methoden hin. Wie bereits im Begriff der Heuristik angedeutet, ist dieser Prozess iterativ angelegt. Eisenhardt beschreibt diesen Sachverhalt wie folgt: «The process of building theory from case study research is a strikingly iterative one. (...) For example, an investigator may move from cross-case comparison, back to redefinition of the research question, and out to the field to gather evidence on an additional case.» (Eisenhardt 1989: 546). Rückkopplungen und Vorkopplungen stellen sicher, dass Forschende Lerneffekte während des Prozesses für dessen Optimierung nutzen können. In Abbildung 16 sind einerseits die neun Prozessschritte und andererseits die wichtigsten Vor- und Rückkopplungen dargestellt.

Abbildung 16: Vorgehensheuristik zur Erarbeitung von Fallstudien

Die Festlegung einer spezifischen Forschungsfragestellung hat beispielsweise weitreichende Konsequenzen für die Bestimmung der Forschungsstrategie und die Forschungsmethoden. Diese determinieren wiederum, auf welche Art und Weise die Daten aufbereitet werden müssen. Erfahrungen in der Datenerhebung oder in der Datenaufbereitung können, falls diese teilweise parallel stattfinden, zu einer Anpassung der in Schritt 4 erarbeiteten Erhebungsunterlagen (z. B. Interviewleitfaden, Fragebogen, Beobachtungsleitfaden etc.) oder sogar einer Erweiterung der eingesetzten Forschungsmethoden (Schritt 3) führen.

Eisenhardt (1989: 533) geht von einem Prozess aus, der die folgenden acht Schritte umfasst. 1) Getting Started (Definition of research question); 2) Selecting Cases; 3) Crafting Instruments and Protocols; 4) Entering the field; 5) Analyzing the Data; 6) Shaping Hypotheses; 7) Enfolding Literature; 8) Reaching Closure. Diese Heuristik ist primär auf die Theorieentwicklung mittels vergleichender bzw. multipler Fallstudien ausgerichtet. George/Bennett (2004: 65 ff.) gehen von drei Phasen aus: 1) Designing Case Study Research, 2) Carrying Out the Case Study und 3) Drawing the Implications of Case Findings for Theory. Den drei Phasen sind jeweils mehrere Aufgaben (Tasks) zugeordnet.

Der in Abbildung 16 vorgestellte Prozess zur Erarbeitung darf nicht mit dem Prozess der Fallbearbeitung (vgl. Wenger/Zaugg 2007) oder der didaktischen Anwendung der Fallstudie in der Aus- und Weiterbildung verwechselt werden. Weitz unterscheidet beispielsweise die folgenden Phasen beim Einsatz der Fallstudie in der ökonomischen Bildung (vgl. Weitz 2000a: 13 ff.). Da in den Ausführungen von Weitz die zentrale Phase der Ermittlung alternativer Lösungswege (Exploration) fehlt, wird sie vom Verfasser ergänzt.

1. **Erste Befassung mit dem Fall (Konfrontation):** Die Lernenden werden in dieser Phase mit dem Falltext konfrontiert und identifizieren die zugrunde liegende Problemstellung.
2. **Beschaffung und Auswertung von Informationen (Information):** Hier geht es um die Gewinnung der für die Falllösung relevanten Informationen. Da die Primärerhebung von Informationen in der Anwendung von Fallstudien als Lehr- und Lernmethode aufgrund von Zeitrestriktionen häufig nicht möglich ist, werden den Lernenden Zusatzinformationen in strukturierter oder unstrukturierter Form zur Verfügung gestellt.
3. **Ermittlung alternativer Lösungswege (Exploration):** In einem kreativen Prozess, der auf der im Vorfeld erfolgten Informationsbeschaffung und -selektion aufbaut, entwickeln die Lernenden mehrere alternative Lösungsansätze.

4. **Entscheidungsfindung (Resolution):** Durch die systematische Bewertung der Vor- und Nachteile verschiedener Lösungen gelangen die Lernenden zu einer Entscheidung, die sie ausführlich begründen.
5. **Diskussion der Ergebnisse (Disputation):** Werden Fallstudien in mehreren Gruppen bearbeitet, erweisen sich das Vorstellen und die Diskussion der verschiedenen Lösungen im Plenum als geeignete Bewährungsprobe. Durch Anregungen aus anderen Gruppen, die begründet und kritisch hinterfragt werden, erhöht sich der Lerneffekt für alle Beteiligten.
6. **Vergleich mit der Praxis (Kollation):** Zum Abschluss der Fallbearbeitung gilt es, die Praxistauglichkeit der Falllösungen zu prüfen. Diese Aufgabe kann von der die Fallstudienbearbeitung moderierenden Person oder noch besser von einem Praktiker bzw. einer Praktikerin übernommen werden. Es ist auch denkbar, den generischen Lösungen die tatsächlich umgesetzte Lösung oder eine vom Fallautor bzw. von der Fallautorin erarbeitete Musterlösung gegenüberzustellen.

Die Art und Weise der Fallbearbeitung hat einen unmittelbaren Einfluss auf die Aufbereitung der Fallstudie. Falls sie zu Ausbildungszwecken verwendet werden soll, ist eine didaktische Nachbearbeitung (vgl. Schritte 8 und 9) erforderlich.

6.2 Vorgehensheuristik in neun Schritten

6.2.1 Forschungsfragestellung festlegen

Der erste Schritt bei der Erarbeitung einer Fallstudie besteht in der Formulierung der zentralen Forschungsfragestellung. Forschende müssen die Ziele und den Zweck ihrer Fallstudie offenlegen (vgl. George/Bennett 2004: 74 ff., Maxwell 2013: 73 ff.). Lohnende Fragestellungen lassen sich beispielsweise durch Literaturanalysen, Expertengespräche und Introspektion gewinnen. Entsprechend der doppelten Zielsetzungen der Betriebswirtschaftslehre als anwendungsorientierte Sozialwissenschaft (vgl. Schanz 1988: 11 ff., Behrens 1993: 4768), lassen sich theoretische und praktische Zielsetzungen unterscheiden. Es empfiehlt sich, gleich zu Beginn auch das Zielpublikum der Fallstudie festzulegen. Im Weiteren ist es wichtig, den Untersuchungsgegenstand eindeutig zu definieren. Gegenstand einer Fallstudie können Einzelpersonen, Personengruppen, Organisationen, Branchen, Wirtschaftsräume, Projekte, Programme, Entscheidungen etc. sein (vgl. de Vaus

2001: 220). Damit keine Verwirrung entsteht, ist genau zu bestimmen, «was der Fall ist.» (vgl. Boos 1993: 34 f.).

Unmittelbar nach der Klärung der zentralen Fragestellung sehen sich Forschende mit dem Problem konfrontiert, dass sie laufend neue Erkenntnisse gewinnen, diese aber noch nicht ordnen können, da sie erst damit begonnen haben, das Forschungsfeld zu durchdringen. In dieser Phase des Forschungsprozesses bietet sich der im vorhergehenden Abschnitt beschriebene konzeptionelle Bezugsrahmen als Ordnungs- und Strukturierungsinstrument an.

Fazit zu Schritt 1

- Zentrale Forschungsfragestellung formulieren.
- Zweck der Fallstudie benennen.
- Zielpublikum der Fallstudie ermitteln.
- Theoretische und praktische Zielsetzungen definieren.
- Untersuchungsgegenstand eindeutig festlegen.
- Einen ersten konzeptionellen Bezugsrahmen erstellen.

6.2.2 Untersuchungseinheit auswählen (Falldefinition)

Der in einer Fallstudie analysierte Untersuchungsgegenstand wird häufig anhand einer bewussten Auswahl bestimmt. Dieses Stichprobenverfahren geht von der Annahme aus, «(…) dass die Untersuchungsleitung fähig ist, Untersuchungspersonen (…) zu benennen, die für die interessierende Grundgesamtheit besonders charakteristisch oder typisch sind. (…) Naturgemäss bleibt bei einer typischen Auswahl vieles dem subjektiven Ermessen der Untersuchungsleitung überlassen.» (Kühn/Fankhauser 1996: 124 f.). Zur Auswahl von Fällen dienen häufig wenig wissenschaftliche Kriterien wie Spektakularität, Einzigartigkeit oder Bekanntheitsgrad des Untersuchungsgegenstandes (vgl. Boos 1993: 35 f.). Mayring (2023: 40) spricht zusätzlich von Extremfällen, Idealtypen, häufigen Fällen, seltenen Fällen, Grenzfällen und theoretisch interessanten Fällen. Hering/Jungmann (2022: 680 f.) unterscheiden zwischen dem maximal ähnlichen Fall (Most Similar Case), dem maximal unterschiedlichen Fall (Most Different Case), dem Fall, der in einem oder mehreren Aspekten verschiedenartig, aber für den Normalfall typisch ist, sowie den Extremfall, der die Variation innerhalb einer bestimmten Population abbildet.

Da die zur Anwendung stichprobentheoretisch abgesicherter Auswahlverfahren erforderliche Kenntnis der Grundgesamtheit bzw. deren Charakteristika oder eine vollkommen homogene Grundgesamtheit, die durch einen Einzelfall angemessen abgebildet wird, in der Regel nicht gegeben sind, ist Repräsentativität in der Fallstudienarbeit kein Ziel. Als Auswahlkriterien sollten vor allem die Relevanz und die Eignung eines Falles für die untersuchte Fragestellung herangezogen werden (vgl. Boos 1993: 36, Mayring 2023: 40). Als weiteres Kriterium ist die Replizierbarkeit der Fallstudie denkbar (vgl. Eisenhardt 1989: 537).

Dass auch bei Fallstudien (insbesondere Mehr-Fall-Designs) eine systematische Auswahl der Untersuchungseinheiten möglich ist, zeigt Blum, der einen Auswahlprozess konzipiert hat, der sich an der Grundidee der Grounded Theory (vgl. Glaser/Strauss 1967) und des «Dimensional Sampling» (vgl. Arnold 1970: 147 ff.) orientiert (vgl. Blum 1999: 274 ff.). Das Grundanliegen der Grounded Theory ist, Theorien nicht abstrakt, sondern in möglichst intensiver Auseinandersetzung mit dem konkreten Gegenstand zu entwickeln. Als «Grounded» wird die entstehende Theorie deswegen bezeichnet, weil alle Interpretationsversuche (der Daten) immer wieder an das im Forschungsprozess gesammelte Datenmaterial herangetragen und dadurch präzisiert, d. h. modifiziert oder bestätigt werden. Durch diesen Prozess der fortwährenden Begründung (Grounding) der Interpretationen anhand der Daten soll gewährleistet werden, dass die Theorie bestmöglich zu den Daten passt. Grounded Theories erheben einen relativ bescheidenen Gültigkeitsanspruch. Die empirisch begründete Theorie wird als Bezugsrahmen systematischer Behauptungen über plausible Beziehungen von Variablen (vgl. Strauss/Corbin 1994: 279) aufgefasst, die unter dem Vorbehalt steht, grundsätzlich vorläufig zu sein. Grounded Theories bleiben auch noch nach ihrer Formulierung als Theorie und nach Abschluss eigener Forschungsaktivitäten vorläufig, sie beanspruchen Plausibilität und nicht Allgemeingültigkeit: «Grounded theory is a general methodology for developing theory that is grounded in data systematically gathered and analyzed. Theory evolves (…) through continuous interplay between analysis and data collection (…), hence the approach is often referred to as the constant comparative method.» (Strauss/Corbin 1994: 273). Die Grounded Theory ist somit nicht nur für die Auswahl des Untersuchungsgegenstandes geeignet, sondern lässt sich auch als Grundprinzip für den gesamten Prozess der Erarbeitung von Fallstudien heranziehen. Shafer/Dyer/Kilty et al. (2001: 198) verdeutlichen dies anhand eines Falles aus dem Gesundheitswesen.

Im Dimensional Sampling erfolgt die Selektion der Untersuchungseinheiten in einem mehrstufigen Prozess, in dem verschiedene Kriterien, welche auf den

Untersuchungsgegenstand und die zentrale Fragestellung zugeschnitten sind, zur Anwendung kommen. Blum hat sich beispielsweise zum Ziel gesetzt, Unternehmen für seine Fallstudien auszuwählen, welche über besonders innovative Arbeitszeitmodelle im Rahmen eines integrierten Arbeitszeitmanagements verfügen und diese erfolgreich anwenden (vgl. Blum 1999: 266 ff.). Er wählt diese Unternehmen in vier Phasen aus:

1. Phase: Ermittlung von Unternehmen mit fortschrittlichen Arbeitszeitsystemen und Interesse an der Mitwirkung bei einer Fallstudie in Rahmen einer quantitativen Studie bei 905 schweizerischen Unternehmen (Stichprobe: 2 881; Rücklaufquote: 32.8 %; Ausschöpfungsquote: 31.5 %): Reduktion der Anzahl möglicher Fälle von 905 auf 691 (Unternehmen mit flexiblen Arbeitszeitmodellen) auf 83 (Unternehmen mit außergewöhnlichen und innovativen Arbeitszeitmodellen) und dann auf 57 (Unternehmen mit einer grundsätzlichen Bereitschaft zur Mitwirkung).
2. Phase: Beurteilung der Flexibilität der untersuchten Arbeitszeitsysteme anhand von Flexibilitätsparametern: Reduktion der Fälle auf 45.
3. Phase: Berücksichtigung von Unternehmen, die über ein integriertes Arbeitszeitmanagement (inkl. Begleitmaßnahmen) verfügen: Reduktion der Fälle auf 23.
4. Phase: Fokussierung auf Unternehmen mit einer optimistischen Einschätzung der künftigen wirtschaftlichen Entwicklung: Reduktion der Fälle auf 17 abzüglich Absagen (Anzahl: 6) und Drop-outs (Anzahl: 1) ergibt 10 Fallstudien.

Eine mehrstufige Auswahl, die von einer größeren Zahl von möglichen Fällen ausgeht und diese schrittweise anhand von auf den Forschungszweck ausgerichteten Kriterien reduziert, lässt sich auf der Basis von Daten ermitteln, die anhand von quantitativen (z. B. Breitenbefragung) oder qualitativen Verfahren (z. B. Expertengespräche, Auswertung von Unternehmensdokumenten, Internetrecherchen, Zeitschriftenanalysen etc.) ermittelt wurden.

Neben Kriterien der Relevanz und der Eignung eines Untersuchungsgegenstandes gilt es, auch die praktischen Kriterien der Verfügbarkeit und der Zugänglichkeit (vgl. de Vaus 2001: 242) sowie das Kriterium der Ergiebigkeit (inkl. Kosten-Nutzen-Verhältnis) zu berücksichtigen. Es nützt nichts, ein sehr interessantes Fallunternehmen auszuwählen, wenn das Unternehmen mit großer Wahrscheinlichkeit nicht zu einer Kooperation bereit ist. Bei Unternehmen, die nur sehr oberflächlich kooperieren wollen, ist die Ergiebigkeit der Datenerhebung so stark eingeschränkt, dass es vermutlich sinnvoller wäre, ein etwas weniger interessantes Unternehmen auszuwählen, das aber bereit ist, sich intensiv mit den Forschenden auseinanderzusetzen. Es ist auch zu bedenken, dass Forschende im Laufe der Fallstudie eine Vertrauensbeziehung mit dem Praxispartner aufbauen müssen. Bestehende Kontaktnetze oder Empfehlungen erleichtern die Schaffung einer gemeinsamen Kommunikationsbasis (vgl. hierzu auch Abschnitt 6.2.4). Gleichzeitig gilt es, die Objektivität gegenüber dem Forschungspartner zu bewahren.

Fazit zu Schritt 2

- Fall/Fälle nach Relevanz und Eignung und nicht nach Spektakularität oder Einzigartigkeit auswählen.
- Zusatzinformationen beschaffen, die eine mehrstufige Auswahl anhand von auf den Forschungszweck ausgerichteten Kriterien erlauben.
- Verfügbarkeit und Zugänglichkeit als praktische Selektionskriterien sowie Ergiebigkeit beachten.
- Auswahl ausführlich begründen.

6.2.3 Forschungsstrategie und -methoden bestimmen

Bei der Erarbeitung einer Fallstudie können verschiedene Strategien der explorativen Forschung (sachlich-analytische, empirische und formal-analytische Forschungsstrategie) sowie eine Vielzahl von Forschungsmethoden angewandt werden. Die Chance zur Beleuchtung des Untersuchungsgegenstandes aus verschiedenen Perspektiven anhand von verschiedenen Verfahren der qualitativen und quantitativen Sozialforschung stellt eine zentrale Stärke der Fallmethode dar. Kubicek spricht davon, den Forschungsgegenstand in seiner «Totalität» zu erfassen, «(…) indem alle als relevant erachteten Ereignisse einbezogen werden und eine möglichst vollständige Beschreibung von Situationen und Prozessen angestrebt wird.» (Kubicek 1975: 58).

Die Bestimmung der geeigneten Forschungsmethoden ergibt sich aus der in Schritt 1 festgelegten Forschungsfragestellung und der in Schritt 2 erfolgten Auswahl des Falles. Grundsätzlich gilt es, zwischen Stichprobenverfahren, Erhebungsverfahren, Aufbereitungsverfahren, Auswertungsverfahren und Darstellungsverfahren zu unterscheiden. Während die Stichprobenverfahren in Schritt 2 zur Anwendung kamen, werden die Erhebungsverfahren in Schritt 4 und 5, die Aufbereitungsverfahren in Schritt 6, die Auswertungsverfahren in Schritt 7 und die Darstellungsverfahren in Schritt 8 thematisiert. Bei der Wahl der Methoden sind deren Anwendungsbedingungen sowie deren Stärken und Schwächen zu beachten.

Um zu vermeiden, dass in Primärerhebungen mit großem Aufwand Daten erhoben werden, die bereits bekannt sind, empfiehlt sich zu Beginn der empirischen Arbeit auf jeden Fall eine systematische Sekundärforschung (Literatur- und Dokumentenstudium). Auf der Basis der dadurch gewonnenen und in einem Bezugsrahmen systematisierten Informationen kann der Einsatz von Erhebungsverfahren der Primärforschung erfolgen. Dabei ist grundsätzlich zwischen der *Beobachtung*, der *Befragung* und dem *Experiment* zu unterscheiden. Beobachtungen lassen sich wiederum in strukturierte und unstrukturierte, passiv oder aktiv teilnehmende, Feld- oder Laborbeobachtungen sowie Fremd- und Selbstbeobachtungen unterscheiden (vgl. Friedrichs/Lüdtke 1973, Atteslander 2010: 73 ff., Diekmann 2020: 548 ff.). Im Rahmen von Fallstudien ist strukturierten und offenen gegenüber unstrukturierten und verdeckten Formen der Vorzug zu geben, da eine Strukturierung größere Ergiebigkeit verspricht und eine verdeckte Beobachtung dem Aufbau einer Vertrauensbeziehung entgegensteht.

Die Königsdisziplin der Befragungsformen der Datenerhebung in Fallstudien ist sicherlich das problemzentrierte Interview (vgl. Mayring 2023: 60 ff.). Es erlaubt eine bessere Fokussierung auf die Forschungsfragestellung als das narrative Interview (vgl. Mayring 2023: 64 ff.), bietet gleichzeitig eine größere Flexibilität bei der Anwendung als stark strukturierte Interviewformen und ermöglicht den Aufbau einer Vertrauensbeziehung zwischen Interviewer und Befragten. Das problemzentrierte Interview basiert auf den folgenden Grundgedanken:

- *Problemzentrierung:* Forschende haben sich bereits mit der Fragestellung beschäftigt, sie verfügen über Vorwissen und sind bei Bedarf in der Lage, gezielte Ergänzungsfragen zu stellen.
- *Gegenstandorientierung:* Das Interview wird dem Gesprächsverlauf angepasst. Eine Standardisierung ist nur begrenzt möglich, es gewinnt dadurch an Dynamik.
- *Prozessorientierung:* Die Untersuchung des Problemfeldes erfolgt schrittweise, und das Erhebungsinstrument (Interviewleitfaden) wird in einem iterativen Prozess laufend verbessert.
- *Offenheit:* Die Befragten können frei antworten, da keine Antwortkategorien vorgegeben sind.

Die großen Vorteile des problemzentrierten Interviews als Erhebungstechnik (Flexibilität und Fokussierung) müssen zum Teil mit einem erheblichen Aufwand bei der Aufbereitung der Daten und deren Auswertung «erkauft» werden. Hinzu kommt, dass diese Erhebungsform sehr hohe Anforderungen an die interviewende Person stellt. Sie muss sich situativ an den Gesprächsverlauf anpassen, diesen sanft steuern, ohne zu stark zu beeinflussen, ein Maximum an im Hinblick auf die Themenstellung relevanten Informationen gewinnen und den Interviewpartner motivieren, sich zu öffnen. Die Ergiebigkeit von Interviews lässt sich durch eine vorgängige Schulung der interviewenden Personen, z. B. im Rahmen von Rollenspielen, erheblich steigern. Personen, die Daten für Fallstudien erheben, sollten nach Yin (2018: 82) die folgenden Fähigkeiten aufweisen: Question-Asking, Ability to Listen, Adaptiveness and Flexibility, Grasp of the Issues Being Studied und Lack of Bias.

Wenn es darum geht, eine größere Anzahl von Personen zu einfachen Tatbeständen (vgl. Atteslander 2010: 157), die zudem gut strukturiert sind, zu befragen, eignet sich die schriftliche Befragung mittels weitgehend standardisierter Fragebogen sehr gut. Die *Vorteile* einer schriftlichen Befragung bestehen in den verhältnismäßig geringen Kosten (insbesondere bei Online-Befragungen), den guten Voraussetzungen für eine computergestützte Datenauswertung, der Möglichkeit der Antwortenden, ihre Antworten ohne Zeitdruck zu reflektieren, der Vermeidung einer Beeinflussung durch den Interviewer sowie in der Möglichkeit zur gezielten Fokussierung auf die Forschungsfragestellung (vgl. Atteslander 2010: 157 f., Schnell/Hill/Esser 2018: 326 ff., Diekmann 2020: 514). Als *Nachteile* sind die häufig kleinen Rücklauf- und Ausschöpfungsquoten, die mangelnde Kontrollierbarkeit der Beantwortungssituation (Wer füllt den Fragebogen aus? Wer beeinflusst die Beantwortung? etc.), die Gefahr von einer Fehlinterpretation der Fragen ohne Möglichkeit zur Klärung durch den Interviewer sowie inhaltliche Beschränkungen (begrenzter Umfang des Fragebogens) zu nennen (Atteslander 2010: 157 f., vgl. Schnell/Hill/Esser 2018: 327 f., Diekmann 2020: 514). Ein Teil der genannten Nachteile lässt sich durch eine gewissenhafte Vorbereitung (guter Fragebogen und Pretest), Durchführung (korrektes Adressmaterial, motivierender und informativer Begleitbrief, Nachfassaktionen, Befragungshotline) und eine korrekte Nachbereitung (termingerechtes Einhalten von Zusagen) vermeiden.

Neben den beiden hier vorgestellten Hauptformen sind Gruppenbefragungen, Online-Befragungen oder Telefonbefragungen möglich. Hierzu sei auf das morphologische Modell der Befragungsformen in Abbildung 14 verwiesen.

Ein bekanntes Beispiel für die Anwendung von Experimenten in Fallstudien der Betriebswirtschafts- bzw. Managementlehre stellen die Hawthorne Experimente dar. Die Tatsache, dass das Experiment im Vergleich zu anderen Erhebungstechniken eher selten eingesetzt wird, hängt vermutlich auch mit der Kritik an diesem Instrument zusammen. Es werden ihm eine Tendenz zur Self-Fulfilling- und Self-Destroying-Prophecy, eine selektive Abbildung der Realität sowie die

Manipulation von Versuchspersonen vorgeworfen (vgl. Atteslander 2010: 188 ff.). In der Form von Pilotprojekten, die vor der unternehmensweiten Einführung von Programmen oder Maßnahmen durchgeführt und evaluiert werden, findet das Experiment allerdings wieder häufiger Anwendung.

Der Methoden-Mix einer breit angelegten Fallstudie in einem Unternehmen könnte beispielsweise die folgenden Methoden und Perspektiven umfassen: Ein Dokumentenstudium zur Ermittlung des expliziten Wissens über den Untersuchungsgegenstand sowie der «offiziellen» Informationen, die zur Verfügung stehen. Es kann sich dabei um Dokumente handeln, die frei zugänglich sind (Internet, Zeitungen, Zeitschriften) oder die von dem Unternehmen zur Verfügung gestellt werden (interne Dokumente). Durchführung von problemzentrierten Interviews mit Führungskräften, welche die Sicht des Managements und die zugrunde liegenden Zielsetzungen untersuchen. Befragung von Mitarbeitenden im Rahmen einer schriftlichen, weitgehend standardisierten Studie zur Analyse der Bottom-Up-Sicht. Gewinnung von Detailinformationen zur Themenstellung durch Expertengespräche mit Vertretern und Vertreterinnen von Fachabteilungen. Beobachtung von Mitarbeitenden, Teams und Entscheidungsgremien zur Entdeckung impliziter Wissensbausteine. Mitarbeit (Aktionsforschung) in einem Projektteam. Systematische Betriebsrundgänge (strukturierte, teilweise verdeckte Beobachtung) zur Ermittlung von Kulturfaktoren.

Fazit zu Schritt 3

- Den Erkenntnisbeitrag verschiedener Forschungsstrategien ermitteln, Schwerpunkte setzen und begründen.
- Hypothesen zum Untersuchungsgegenstand formulieren.
- Erhebungsverfahren auswählen, welche dem Forschungsgegenstand und der zentralen Fragestellung entsprechen.
- Konsequenzen der Wahl von Erhebungsverfahren auf die Aufbereitungs- und Auswertungsmethoden in Betracht ziehen (Interdependenz der Methoden).
- Einen Methoden-Mix konzipieren, der den verschiedenen Dimensionen der Problemstellung gerecht wird (Triangulation).
- Anwendungsbedingungen sowie Stärken und Schwächen der Methoden berücksichtigen.

6.2.4 Datenerhebung vorbereiten

Nach der Auswahl der Untersuchungseinheiten und der Festlegung der Erhebungsmethoden bereiten die Forschenden die Datenerhebung vor und nehmen Kontakt mit möglichen Praxispartnern auf. Naumes/Naumes (1999: 37 ff.) nennen die folgenden potenziellen Kontaktquellen für Fallstudien: Studierende, Familienmitglieder, Bekannte und Freunde, Hinweise in Veröffentlichungen, Ehemalige der eigenen Bildungsinstitution («Alumni») und Vertreter von Beratungsunternehmen. Potentielle Partner sind vermutlich nur dann zu einer Kooperation bereit, wenn sie von der (methodischen und fachlichen) Kompetenz der Forschenden überzeugt sind, ihre Gesprächspartner verstehen und in der Fallstudie einen Nutzen für beide Seiten bei überschaubarem Aufwand sehen (vgl. Backhaus/Plinke 1977: 616). Nach der Kontaktaufnahme gilt es, schrittweise eine Vertrauensbeziehung aufzubauen (vgl. Mayring 2023: 62). Die soziale Distanz zwischen Forschenden und Befragten kann auch bei sehr offenen Interviews nie vollständig abgebaut werden, da es sich immer um eine «(…) künstliche asymmetrische Interaktion unter Fremden mit der stillschweigenden Vereinbarung, dass keine dauerhafte Beziehung eingegangen wird» (Diekmann 2020: 439) handelt. Die Zusicherung von Anonymität, der Aufbau einer angenehmen Gesprächsatmosphäre, die Vermeidung von Zustimmungs- und Missbilligungssignalen sowie eine sehr gute Vorbereitung der Erhebungen tragen zur Entwicklung einer Vertrauensbeziehung bei. Es kann sich auch als sinnvoll erweisen, gegenüber dem Praxispartner eine Vorleistung (z. B. in der Form einer Recherche) zu erbringen. Von der Zusendung schriftlicher Unterlagen zum Untersuchungsgegenstand ist eher abzusehen, weil daraus eine Beeinflussung der Erhebungsergebnisse resultieren kann, da sich die Interviewpartner bewusst oder unbewusst an diesen Unterlagen orientieren. Eine Information der Partner über das methodische Vorgehen (inkl. Zeitplan) im Rahmen der Fallstudie ist hingegen für eine effiziente Durchführung essenziell.

Entsprechend den in Abschnitt 6.2.3 genannten Hauptinstrumenten der Datenerhebung wird hier exemplarisch auf die Vorbereitung eines problemzentrierten Interviews und einer schriftlichen Befragung eingegangen. Analog zur Festlegung der übergeordneten Forschungsfragestellung in Schritt 1 sind pro Einzelerhebung oder angewandte Erhebungsmethode die jeweiligen Zielsetzungen zu definieren. Durch die Definition dessen, was das Verfahren untersuchen soll, ist der Rahmen für die Erhebung abgesteckt. Die zentralen Aspekte werden in einem Interviewleitfaden (vgl. Atteslander 2010: 141 ff., Mayring 2023: 61 ff.) zusammengestellt, der sich – analog zur schriftlichen Befragung – an den Erkenntnissen aus der empirischen Sozialforschung zur Fragenformulierung (Vermeidung von Suggestivfragen und Fragen mit zu komplexen Inhalten) und zur Dramaturgie von Fragebogen orientiert. Mayring (2023: 62 f.) unterscheidet bei einem problemzentrierten Interview drei Arten von Fragen. Sie werden um Hinweise von Kühn/Fankhauser (1996: 176) ergänzt.

- *Einleitungs- und Sondierungsfragen:* Sie dienen zum Einstieg in die Thematik, nehmen dem Interviewpartner die Befangenheit und ermitteln, welche Bedeutung er dem Untersuchungsgegenstand beimisst.
- *Leitfragen oder Sachfragen:* Diese Fragen sind auf das zentrale Untersuchungsthema ausgerichtet und nehmen den Großteil des Leitfadens in Anspruch. Sie können um Kontrollfragen ergänzt werden, welche einen bereits erfragten Sachverhalt an einer anderen Stelle im Interview verifizieren.
- *Ad-hoc-Fragen:* Sie halten das Gespräch im Fluss, vertiefen spontan auftretende interessante Aspekte, die im Leitfaden nicht berücksichtigt sind, aber zum Thema gehören, und erlauben eine Re-Fokussierung des Gesprächs, falls der Interviewpartner zu stark abdriftet.

Am Beispiel der Ad-hoc-Fragen zeigt sich das große heuristische Potenzial des leitfadengestützten, problemzentrierten Interviews. Der Leitfaden kann im Laufe der Erhebung weiterentwickelt werden. Dabei sollte aber seine grundsätzliche Struktur erhalten bleiben, weil sich sonst die Ergebnisse der verschiedenen Interviews nur bedingt vergleichen lassen. Falls substantiell neue Aspekte in den Leitfaden aufgenommen werden, sind «Nachfassaktionen» (Durchführung weiterer Interviews) zu erwägen.

Interviews sind entweder zu protokollieren und/oder als Audiodatei aufzuzeichnen. Bei Beobachtungen kann zusätzlich eine Videokamera zum Einsatz kommen. Alle Formen des Festhaltens von Interviewaussagen oder Beobachtungen erfordern die explizite Erlaubnis der Interviewten bzw. beobachteten Person oder Personengruppe. Es gehört mit zur Vorbereitung der Datenerhebung, die technischen Hilfsmittel auszuwählen und deren Funktionstüchtigkeit sicherzustellen.

Die Vorbereitung einer schriftlichen Befragung stellt ähnlich hohe Anforderungen an die Forschenden. Es gilt, zuerst die Ziele der Befragung zu spezifizieren, die zu Befragenden zu bestimmen und das Adressmaterial zu beschaffen. Anschließend erfolgt die Konzeption des Fragebogens mit der Formulierung von Fragen (vgl. Atteslander 2010: 155 ff., Diekmann 2020: 479 ff.) zu den interessierenden Bereichen und der Festlegung der Reihenfolge der Fragen (Dramaturgie) (vgl. Diekmann 2020: 483 ff.). Am Anfang des Fragebogens empfehlen sich sogenannte Eröffnungsfragen (Eisbrecherfragen), dann folgen die eigentlichen Kernfragen, die thematisch gegliedert sind. Filterfragen beschleunigen das Ausfüllen des Fragebogens, da sie über für einzelne Befragte nicht relevante Passagen hinwegführen. Kontrollfragen überprüfen, ob die Befragten konsistent antworten. Soziodemografische Fragen und Raum für offene Bemerkungen finden sich häufig am Schluss des Fragebogens. Diese Möglichkeit zur Kommentierung wird beispielsweise von Schnell/Hill/Esser (2018) explizit gefordert. Da die Spannungskurve bzw. Aufmerksamkeitskurve bei der Beantwortung zuerst ansteigt und dann mit zunehmender Fragedauer kontinuierlich abnimmt, sind die zentralen Fragen im zweiten Drittel des Fragebogens zu platzieren. Nach der grafischen Gestaltung des Fragenbogens ist dieser in einem Pretest systematisch zu überprüfen und gegebenenfalls zu überarbeiten. Bradburn/Sudman/Wansink (2004: 317) bringen es auf den Punkt, indem sie schreiben: «If you do not have the resources to pilot-test your questionnaire, don't do the study.»

Vor dem Versand der Fragebogen empfiehlt sich eine Information der befragten Personen mittels eines Plakates, einer Meldung auf dem Intranet oder im Magazin für Mitarbeitende. Dadurch lassen sich Missverständnisse vermeiden und Befragungswiderstände abbauen. Diese Information kann auch in einem Begleitbrief erfolgen, der die folgenden Elemente umfassen sollte (vgl. Zaugg 1996: 288): Thema der Befragung, Begründung der Relevanz und Bitte um Kooperation, Vorstellen des Ziels und der Träger der Studie, Zusicherung der Anonymität und Gewährleistung des Datenschutzes (gemäß dem neuen Datenschutzgesetz (nDSG) der Schweiz und der Datenschutz-Grundverordnung (DSGVO) der Europäischen Union), Hinweise zur Information der Befragten über die Resultate, Bekanntgabe des Zeitaufwandes zum Ausfüllen des Fragebogens, Rücksendetermin, Schlussappell zur Beteiligung. Ein Teil dieser Angaben kann auch auf dem Titelblatt des Fragebogens bzw. den ersten Seiten vermerkt werden.

Fazit zu Schritt 4

- Mit Praxispartner(n) Kontakt aufnehmen.
- Kompetenz belegen und Nutzen für Praxispartner transparent machen, um Teilnahmebereitschaft zu erhöhen.
- Vertrauensbeziehung aufbauen.
- Zu befragende Personen oder Gruppen festlegen.
- Zeitplan festlegen und Meilensteine definieren.
- Befragungsunterlagen (Interviewleitfaden, Fragebogen oder Beobachtungsleitfaden) konzipieren, gestalten und testen.
- Praxispartner über Vorgehen informieren.
- Technische Hilfsmittel zum Festhalten der Aussagen (z. B. Aufnahmegerät) auswählen und deren Funktionstüchtigkeit überprüfen.
- Spannungskurve (Dramaturgie) bei Befragungen beachten.
- Kurze, einfache, aber gleichzeitig präzise, direkte, konkrete und neutrale Fragen formulieren, die sich pro Frage nur auf einen Sachverhalt beziehen.
- Suggestivfragen und Doppelnegationen vermeiden.
- Zielpersonen informieren.

6.2.5 Daten erheben

Um den zeitlichen Aufwand des Praxispartners zu minimieren (vgl. Backhaus/Plinke 1977: 616), findet die Datenerhebung meistens in einem begrenzten Zeitfenster statt. Dies ist auch bei Zeitreihenbetrachtungen der Fall, wobei sich die Zeitspanne auf die einzelnen Erhebungen bezieht. Die zeitliche Konzentration der Erhebung weist einen weiteren Vorteil auf. Findet die Datenerhebung in einem engen Zeitfenster statt, gelten für alle Befragten oder Interviewten die gleichen – oder zumindest ähnlichen – generellen Rahmenbedingungen. Zieht sich eine Erhebung über einen längeren Zeitraum hinweg, verändert sich der Untersuchungsgegenstand, was die Auswertung und Interpretation der Daten erschwert.

Unabhängig von der Erhebungsform, dem Untersuchungsgegenstand und dem Erfahrungshintergrund des Forschenden ist das tatsächliche, methodische Vorgehen in der Fallstudie genau zu dokumentieren. Die gewonnenen Daten müssen von Dritten problemlos nachvollzogen, unter Umständen sogar repliziert werden können (vgl. Diekmann 1998: 140 f.). Hinzu kommt, dass der heuristische Charakter der explorativen Forschung laufende Anpassungen (Verbesserungen) des methodischen Vorgehens erlaubt. Auch diese Revisionen sind gewissenhaft und systematisch zu dokumentieren.

Das Erstellen sogenannter Forschungs- oder Feldnotizen («field notes») erweist sich als nützliches Hilfsmittel. Ähnlich wie bei einem Tagebuch werden die Ereignisse eines Forschungstages notiert. Es kann sich bei den Eintragungen auch um Beobachtungen, Überlegungen, Intuitionen, Ideen, Anpassungen in der Methodik, erste Interpretationen, Quellen für Zusatzinformationen oder spontane Hinweise der Praxispartner handeln. Forschungsnotizen enthalten somit all jene Informationen, die nicht mittels spezifischer Forschungsmethoden (Interviews, Befragungen, systematische Beobachtungen mittels Beobachtungsleitfaden, Dokumentenanalyse etc.) gewonnen worden sind. Eisenhardt (1989: 539) bezeichnet Feldnotizen als «(…) ongoing stream-of-consciousness commentary about what is happening in the research, involving both observation and analysis (…)» und bezieht sich dabei auf Van Maanen (1988: 117 ff. und 123 f.).

Aus der Triangulation von Methoden und Techniken resultiert eine Fülle von Daten, die es systematisch zu speichern und zu strukturieren gilt. Anderenfalls laufen Forschende Gefahr, im «Datenmeer zu ertrinken» bzw. die Übersicht zu verlieren. Es empfiehlt sich daher die Nutzung eines Bezugsrahmens als Strukturierungs- und Selektionsinstrument (vgl. Abschnitte 5.2 und 5.7). Neben der konzeptionellen Dimension des Speicherns sind auch praktische Aspekte zu beachten, wie Aufbau einer Datenbank, Ablage und Katalogisierung von Unterlagen sowie Entwicklung eines Referenzsystems.

Fazit zu Schritt 5

- Datenerhebung zeitlich konzentrieren.
- Tatsächliches methodisches Vorgehen gewissenhaft dokumentieren (inkl. Revisionen).
- Forschungsnotizen nutzen, um Daten festzuhalten, die nicht mittels spezifischer Forschungsmethoden erhoben wurden.
- Bezugsrahmen verwenden, um die Datenfülle zu strukturieren.
- Datenbank bzw. Ablagesystem (inkl. Referenzsystem) aufbauen, welche(s) die Auffindbarkeit einzelner Inhalte gewährleistet.

6.2.6 Daten aufbereiten

Wie bereits in den Erläuterungen zur Vorbereitung der Datenerhebung (Schritt 4) wird die Datenaufbereitung am Beispiel des problemzentrierten Interviews und der Breitenbefragung als zentrale Erhebungsmethode beschrieben. Interviews können mittels wörtlicher Transkriptionen aufbereitet werden. Sie geben das Interview im Wortlaut wieder. Zusammenfassende und selektive Protokolle reduzieren die Textfülle auf das Wesentliche (vgl. Mayring 2023: 82 ff.). Die Reduktion des Materials muss kontrolliert erfolgen. In einem ersten Schritt dürfen lediglich offensichtlich nicht zur Fragestellung gehörende Aussagen und Wiederholungen gestrichen sowie eine Gruppierung (Bündelung) zusammengehörender Aussagen vorgenommen werden. Ein zusammenfassendes Protokoll ist dann sinnvoll, «(…) wenn man vorwiegend an der inhaltlich-thematischen Seite des Materials interessiert ist. Der konkrete Sprachkontext, die Interview- oder Diskussionssituation, gehen verloren» (Mayring 2023: 84). Die weitere Reduktion der Daten erfolgt im Rahmen der qualitativen Inhaltsanalyse. Sie wird im nächsten Abschnitt erläutert. Die Grenzen zwischen Aufbereitung und Auswertung sind bei qualitativen Interviews fließend.

Schriftliche Befragungen lassen sich effizient mit Unterstützung von Statistikprogrammen aufbereiten (z. B. SPSS). In diesem Fall kommen Datentabellen und Codierlisten zum Einsatz. Die Datenaufbereitung umfasst auch die Übertragung der Daten vom Fragebogen in ein IT-System sowie deren Kontrolle. Aufgrund des Programmierungsaufwandes und der notwendigen technischen Ausstattung erweist sich das Scanning von Fragebogen erst ab rund 800 auswertbaren Fragebogen mit rund 80 Variablen und keinen offenen Fragen als wirtschaftlich sinnvoll. Mit der Hilfe von KI bzw. AI, das heißt lernfähigen Systemen, wird sich der Erfassungsaufwand kontinuierlich reduzieren. Durch Transformationen und Zusammenfassungen können neue Variablen berechnet werden. Auch in dieser Phase ist es wichtig, alle Schritte genau zu dokumentieren. Die hohe Praktikabilität von Statistikprogrammen verleitet dazu, rasch eine große Menge von zusätzlichen, mehr oder weniger aussagekräftigen Variablen zu berechnen. Die genaue Beschreibung der Verfahrensschritte kann da zu kurz kommen. Als weiterer Schritt der Aufbereitung quantitativer Daten kann die Berechnung von absoluten, relativen, kumulierten absoluten und kumulierten relativen Häufigkeiten gelten (vgl. Benninghaus 2007: 30 ff., Kromrey/Roose/Strübing 2016: 399 ff., Diekmann 2020: 669 ff.). Häufigkeitsverteilungen vermitteln einen ersten Eindruck über die Struktur der erhobenen Daten.

Fazit zu Schritt 6

- Textfülle problemzentrierter Interviews durch zusammenfassende Protokolle reduzieren. Wiederholungen und nicht relevante Aussagen streichen sowie zusammengehörende Aussagen bündeln.
- Daten schriftlicher Befragungen codieren und in IT-Systeme übertragen.
- Plausibilität der Daten und Qualität der Dateneingabe prüfen.
- Neue Variablen berechnen und Verfahrensschritte dokumentieren.
- Häufigkeiten berechnen, um einen ersten Eindruck von der Struktur der Daten zu erhalten.

6.2.7 Daten auswerten und interpretieren

Die Auswertung der erhobenen und aufbereiteten Daten orientiert sich grundsätzlich an der in Schritt 1 definierten zentralen Forschungsfragestellung sowie den festgelegten Zielsetzungen, am Bezugsrahmen und an den in Schritt 3 formulierten Hypothesen. Forschende müssen offen gegenüber neuen Erkenntnissen sein, die eine Weiterentwicklung ihres ursprünglichen Bezugsrahmens ermöglichen. Erst dann nutzen sie das heuristische Potenzial der explorativen Forschung mittels Fallstudien. Durch die Triangulation von Methoden und Perspektiven lassen sich Sachverhalte aus verschiedenen Blickwinkeln betrachten. Das bedeutet, dass sich Erkenntnisse, die im Rahmen einer bestimmten Erhebungsform gewonnen wurden (z. B. Dokumentenanalyse), anhand der Erkenntnisse einer zweiten Erhebungsform (z. B. Interviews oder schriftliche Befragung) validieren lassen. Am Anfang gleicht die Auswertung von Daten der Suche nach Mustern. Hossler und Scalese-Love sprechen von einem «(…) search for emerging patterns (…)» (Hossler/Scalese-Love 1989: 8).

Je nachdem, ob es um die Auswertung qualitativer Daten (z. B. zusammenfassende Protokolle, Beobachtungsprotokolle etc.) oder quantitative Daten aus standardisierten Befragungen geht, kommen unterschiedliche Auswertungsverfahren zu Anwendung. Die bereits erwähnte qualitative Inhaltsanalyse (vgl. Abschnitt 4.3.5.4) eignet sich sehr gut zur systematischen Analyse von Texten, indem sie diese gliedert und schrittweise bearbeitet. Die Analyseaspekte werden in einem Kategoriensystem vorgängig festgelegt und kontinuierlich überarbeitet.

Neben der verbalen Beschreibung der Ergebnisse der Interviews sowie deren Visualisierung in modellhaften Darstellungen können besonders prägnante Aussagen der Interviewpartner im Wortlaut wiedergegeben werden. Sie werden wie wörtliche Zitate aus der Literatur gehandhabt. Durch diese Stilform erhöht sich die Authentizität der Fallstudie.

Im Bereich der qualitativen Auswertung gilt es, zwischen univariaten, bivariaten und multivariaten Verfahren zu unterscheiden. Zur detaillierten Erläuterung der statistischen Verfahren wird auf die Fachliteratur verwiesen (vgl. Siegel 1976, Sachs 1992, Laatz 1993, Fahrmeir/Hamerle/Tutz 1996, Backhaus/Erichson/Plinke et al. 2000, Rinne 2000, Benninghaus 2007, Bortz/Schuster 2010, Büning/Trenkler 2013, Kromrey/Roose/Strübing 2016, Schnell/Hill/Esser 2018, Diekmann 2020). Quantitative Daten lassen sich in Häufigkeitstabellen, Kreuztabellen, Histogrammen etc. visualisieren. Bei der Nutzung dieser Verfahren sollte ein optimaler Mix zwischen Informativität, Verdichtung und Nachvollziehbarkeit angestrebt werden. Übervisualisierungen sind ebenso zu vermeiden wie die reine Textform. Abbildungen und Tabellen eignen sich für die Darstellung wichtiger und komplexer Zusammenhänge sowie die komprimierte Präsentation von Daten, die verbal nur sehr ausführlich umschrieben werden können (z. B. Einsatzhäufigkeit von mehreren Instrumenten nach Branchen). Der Text kann besonders interessante Sachverhalte aus einer Tabelle aufgreifen, muss aber nicht alle Erkenntnisse verbalisieren.

Fazit zu Schritt 7

- Auswertung an der festgelegten zentralen Forschungsfragestellung, den definierten Zielen und den aufgestellten Hypothesen ausrichten.
- Nach sich abzeichnenden Mustern in der Datenfülle suchen.
- Zusammenfassende Protokolle mittels qualitativer Inhaltsanalyse auswerten.
- Zur Auswertung quantitativer Daten angemessene statistische Verfahren heranziehen.
- Bei der Visualisierung auf Informativität, Verdichtung und Nachvollziehbarkeit achten.
- Abbildungen gezielt und sparsam zur Erläuterung von wichtigen, komplexen oder verbal nicht effizient zu beschreibenden Sachverhalten verwenden.

6.2.8 Fallstudie verfassen

Die Art und Weise, wie eine Fallstudie inhaltlich aufgebaut ist, wie der Text formuliert wird und wie die einzelnen Abschnitte gewichtet sind, hängt in entscheidendem Ausmaß vom Anwendungsbereich der Fallstudie (vgl. Abschnitt 3) ab. An dieser Stelle wird vor allem auf die Gestaltung der Fallstudie als Instrument der Sozialforschung eingegangen. Dieser Aufbau soll als Modell gelten. Anpassungen für alternative Anwendungsbereiche finden ebenfalls Erwähnung.

Die erste Frage, die es beim Verfassen einer Fallstudie zu klären gilt, ist, ob der Untersuchungsgegenstand mit Namen genannt werden darf, oder ob eine Anonymisierung erfolgen muss. Diese Entscheidung steht dem Praxispartner zu. Er kann von Anfang an eine Anonymisierung verlangen – dies dürfte bei vertraulichen Problemstellungen der Fall sein – oder diese Frage erst nach der Lektüre der Fallstudie entscheiden. Es empfiehlt sich in jedem Fall, die Fallstudie durch die Praxispartner validieren zu lassen. Bei dieser Gelegenheit sollten auch die Einsatzbereiche der Fallstudie besprochen werden. Bei der Anonymisierung sind verschiedene Stufen denkbar. Die Bandbreite reicht von einer vollständigen Namensnennung oder der Verfremdung des Namens bei unveränderten Inhalten über die Streichung kritischer Textpassagen, die leichte Verfremdung des Inhaltes bis hin zur völligen Verfremdung von Inhalt und Namen. Für den Einsatz als Forschungsmethode sind eigentlich nur die beiden erstgenannten Varianten akzeptabel. Eine Verfälschung der Inhalte würde in jedem Fall zu einer Verfälschung der abgeleiteten Schlüsse führen. Dieses Problem lässt sich dadurch umgehen, dass für verschiedene Verwendungszwecke verschiedene Anonymisierungsgrade und unterschiedliche Lektüreberechtigte festgelegt werden.

Ein Beispiel: Während Angehörige der forschenden Institution eine nicht anonymisierte Fassung verwenden dürfen, muss bei einer Veröffentlichung der Name geändert werden. Beim Einsatz als Lehrmittel ist zusätzlich eine Verfremdung vorzunehmen. Es versteht sich, dass durch die Verfremdung Informationen verloren gehen und die Fallstudie dadurch als Lernfall an Authentizität und als Umsetzungsfall an Problemlösungskapazität einbüßt.

Eine Fallstudie umfasst grundsätzlich zwei Teile, einen methodischen und einen inhaltlichen. Fallstudien, die in der Schulung zum Einsatz kommen, sind um einen dritten, didaktischen Teil zu ergänzen. Der methodische Teil kann in Lehrfallstudien gekürzt werden. Eine idealtypische Struktur, die allerdings den spezifischen Gegebenheiten (Untersuchungsgegenstand, behandelte Fragestellung, eingesetzte Methoden etc.) anzupassen ist, könnte wie folgt aufgebaut sein (vgl. Abbildung 17). Zur Vereinfachung wird von einem Unternehmen als Untersuchungsobjekt ausgegangen.

Im methodischen Teil beschreiben die Forschenden, wie sie die in der Fallstudie verarbeiteten Informationen gewonnen und ausgewertet haben. Sie erläutern die zentrale Fragestellung und legen die Ziele fest. Bei dieser Gelegenheit können sie auch den Verwendungszweck der Fallstudie definieren und die Fallstudie einordnen (vgl. Abbildung 3). In der Beurteilung des methodischen Vorgehens besteht die Möglichkeit, Erfahrungen aus der Fallerarbeitung weiterzugeben und methodische Lerneffekte zu dokumentieren.

Verzeichnisse
Kurzzusammenfassung (Executive Summary)
Stichworte
Einleitung

Methodischer Teil

- Zentrale Forschungsfragestellung und Ziele der Fallstudie
- Auswahl der Untersuchungseinheit(en)
- Forschungsprozess im Überblick
- Datenerhebung (inkl. Vorbereitung)
- Aufbereitung der Daten
- Datenauswertung
- Verfassen der Fallstudie
- Beurteilung des eigenen methodischen Vorgehens

Inhaltlicher Teil

Firmenporträt

- Rahmenbedingungen (außerbetriebliche, betriebliche und personelle)
- Unternehmensgeschichte
- Unternehmensstrategie
- Rahmenstruktur
- Produkte und Dienstleistungen
- Mitarbeiterstruktur
- Wichtigste Kennzahlen

Spezifische Fragestellung der Fallstudie

- Grundsätzliche Problemstellung
- Spezifische Ausgangslage
- Problemdiagnose
- Beschreibung der Lösungsansätze
- Bewertung der Lösungsansätze
- Begründung der implementierten Lösung
- Erläuterung der Umsetzung

Schlussfolgerungen
Dokumentenverzeichnis
Anhänge

Didaktischer Teil

- Inhaltliche Kurzbeschreibung
- Angesprochene Fachbereiche
- Lernziele (inkl. Lernzieltaxonomie)
- Fragen zur Fallstudie
- Zeitbedarf für die Lösung der Fallstudie
- Anwendungshinweise
- Weiterführende Literatur

Abbildung 17: Struktur einer Fallstudie

Der inhaltliche Teil hängt stark vom Untersuchungsgegenstand ab und kann daher deutlich von der hier vorgestellten Struktur abweichen. Es empfiehlt sich allerdings, zwischen einem generellen Abschnitt (Beschreibung des Untersuchungsgegenstandes) und einem problemspezifischen Abschnitt zu unterscheiden. Der problemspezifische Abschnitt orientiert sich an den Detaillierungsstufen von Fallstudien und erleichtert die Einordnung des eigenen Falls. Mauffette-Leenders/Erskine/Leenders (2007: 37) et al. schlagen die folgende inhaltliche Strukturierung von Fällen vor:

- Organization Background (Structure, Products, Industry, Competition, Services, History, Financial Situation)
- Specific Area of Interest (Marketing, Finance, Operations, Others)
- Specific Problem or Decision
- Alternatives
- Conclusion

Im didaktischen Teil wird die Fallstudie für den Einsatz in der Lehre aufbereitet. Die Kurzbeschreibung, die angesprochenen Fachbereiche und Lernziele erleichtern es Lehrenden herauszufinden, ob die Fallstudie für den vorgesehenen Ausbildungszweck geeignet ist. Lernende erhalten Informationen darüber, welche Lerneffekte mit der Bearbeitung der Fallstudie verbunden sein können. Der Vertiefungsgrad der Fallstudie lässt sich anhand einer Lernzieltaxonomie bestimmen, die auf Bloom zurückgeht und die folgenden sechs Stufen umfasst (vgl. Bloom/Hastings/Madaus 1971): Knowledge, Comprehension, Application, Analysis, Synthesis, Evaluation. Diese Lernziele bauen aufeinander auf. Mit der Fähigkeit zur Evaluation erreichen Lernende die höchste Stufe des Lernerfolges.

Anhand der Hinweise für die zur Lösung der Fallstudie benötigten Zeit sowie der Anwendungshinweise können Lernende den Aufwand für die Fallbearbeitung abschätzen und Lehrende die Fallanwendung vorbereiten. Ergänzende Literaturhinweise liefern Anknüpfungspunkte zu einem weiterführenden Literaturstudium. Damit eine Fallstudie in der Schulung eingesetzt werden kann, ist es sicherlich sinnvoll, die Beschreibung der Problemstellung und der Ausgangslage von der Darstellung der Lösung zu trennen (vgl. Naumes/Naumes 1999: 73 ff. und 129 ff.). Dadurch werden die Problemlösungsfähigkeit und die analytischen Fähigkeiten der Fallbearbeiter deutlich stärker gefordert als bei einem bis hin zur implementierten Problemlösung ausgearbeiteten Fall. Die tatsächliche Problemlösung kann in einer Musterlösung beschrieben werden, die den Bearbeitern allerdings erst in einer späteren Phase der Fallbearbeitung zur Verfügung gestellt wird. Als Hilfestellung bei der Strukturierung des Problems bzw. der Probleme eignen sich Fragen. Beispiele von didaktisch aufbereiteten Fallstudien finden sich in Fallstudiensammlungen (vgl. z. B. Thom/Wenger/Zaugg 2007).

Nach der Erarbeitung einer ausgereiften Fassung der Fallstudie empfiehlt es sich, diese vom Praxispartner gegenlesen zu lassen. Naumes/Naumes (1999: 51 ff.) nennen diesen Aspekt «Authorization for Release». Damit wird sichergestellt, dass nur Angaben veröffentlicht werden, welche der Praxispartner gesehen und für angemessen befunden hat. Zudem lassen sich Fehlinformationen oder Fehlinterpretationen identifizieren und die Anonymitätsfrage klären. Unter Umständen zeigt sich auch eine Notwendigkeit zur Durchführung ergänzender Erhebungen. Eine Gefahr beim Gegenlesen durch die Praxispartner besteht darin, dass diese die Gelegenheit nutzen, kritische Ergebnisse aus Imagegründen zu beschönigen. Forschende dürfen dies nicht zulassen. Die Vertrauensbeziehung zum Praxispartner verlangt aber, dass dieser Aspekt einvernehmlich geklärt wird. Das genannte Problem lässt sich durch sachliche Begründungen oder eine Steigerung des Anonymisierungsgrades lösen. Ein weiterer möglicher Schritt der Qualitätssicherung ist die Lektüre der Fallstudie durch eine unbeteiligte, idealerweise journalistisch geschulte Person. Forschende, die auch in der Lehre tätig sind, können eine ausgereifte Fassung der Fallstudie sogar von Studierenden testen lassen und diese anschließend überarbeiten (vgl. Naumes/Naumes 1999: 109 ff. und 137 ff.).

Fazit zu Schritt 8

- Anonymisierungsgrad, Lektüreberechtigte und Verwendungszeck gemeinsam mit dem Praxispartner klären.
- Schwerpunktsetzungen entsprechend der zentralen Fragestellung sowie den Zielsetzungen und Anwendungsbereichen festlegen.
- Struktur konzipieren.
- Fallstudie in einer möglichst einfachen, aber trotzdem präzisen Sprache verfassen.
- Fallstudie von Praxispartnern gegenlesen lassen und – falls notwendig – Fehler korrigieren und ergänzende Erhebungen durchführen.
- Fallstudie von einer unbeteiligten Person lektorieren lassen.
- Fallstudie gemeinsam mit Studierenden testen.

6.2.9 Fallstudie nachbereiten

Nach der Fertigstellung der Fallstudie in einer oder mehreren Fassungen kann diese den Praxispartnern zugestellt werden. Bei dieser Gelegenheit können sich Forschende auch für die Kooperationsbereitschaft des Praxispartners bedanken. Anschließend ist zu klären, in welcher Form die Fallstudie zu verbreiten ist. Dies hängt von den Eigentumsrechten, der Qualität der Ausarbeitung, der Aktualität der behandelten Problemstellung sowie den Interessen der Forschenden und der Praxispartner ab. So kann die Fallstudie als Lernfall in einem themenspezifischen Sammelwerk oder einer Fachzeitschrift, als Lehrfall in einem Fallstudienbuch, als Best Practice Fall in einer Datenbank im Internet oder als «Imagefall» in der externen Unternehmenskommunikation des Praxispartners veröffentlicht werden.

Fazit zu Schritt 9

- Veröffentlichungsform(en) auswählen.
- Fallstudie entsprechend den Anforderungen des Mediums überarbeiten.
- Fallstudie – falls zulässig – in einer Fallstudiendatenbank erfassen.

7 Fallstudien lösen

7.1 Vorbemerkung

Der vorliegende Abschnitt basiert auf der gemeinsam mit Andreas P. Wenger erarbeiteten «Anleitung zur Fallbearbeitung», welche als Kapitel 3 des Buches Fälle zu Organisation und Personal (vgl. Thom/Wenger/Zaugg 1998: 21-30) veröffentlicht wurde. Die ursprüngliche Version wurde aktualisiert und punktuell weiterentwickelt.

7.2 Fallbearbeitung im Überblick

Wie in Abschnitt Schulung geschildert, ist die Fallmethode eine Lehr- und Lerntechnik, die besonders dazu geeignet ist, die Kluft zwischen Theorie und Praxis zu überbrücken. Sie dient der Schulung der Fähigkeit zur Durchdringung komplexer Zusammenhänge, zur effizienten und effektiven Informationsverarbeitung und zur Übertragung theoretischen Wissens auf Problemsituationen der Praxis.

Die Fallmethode ist eine willkommene Ergänzung zu den traditionellen Lernmethoden, da sie die aktive Beteiligung gegenüber einer rezeptiv-passiven und kritiklosen Aneignung des dargebotenen Stoffes in den Vordergrund stellt. Durch die Konfrontation mit realen Situationen (unvollkommene Information und hohe Komplexität durch interdependente Problemstellungen) werden bei den Studierenden theoretische Wissensbausteine in einen größeren Zusammenhang gebracht. Dieser Schritt ist wichtig, da in der Managementlehre theoretische Ansätze nicht undifferenziert angewandt werden sollen, sondern situativ anzupassen sind.

Diese Lehr- und Lernmethode zeigt zudem, dass es für praktische Probleme keine allgemein gültige Musterlösung gibt. Mehrere Lösungen führen in der Regel zum Ziel. Eine Diskussion darüber, welche Lösung die bessere sei, fördert das Problemverständnis. Die überzeugende Begründung der gewählten Lösung stellt einen zentralen Inhalt der Fallmethode dar.

Trotz eines im Vergleich zu anderen Lernmethoden erheblichen Aufwandes für die Konzeption und Bearbeitung von Fällen lohnt sich ein seriöser Einsatz der Fallmethode. Durch sie können gleichzeitig mehrere Lernziele erreicht werden. Neben der bereits erwähnten Wissensvermittlung und der Analyse komplexer

Zusammenhänge dient sie nicht zuletzt auch der Entwicklung sozialer Kompetenzen. Die Schulung von Kommunikations-, Konflikt- und Kooperationsfähigkeit steht dabei im Vordergrund.

7.3 Fallstudien richtig lesen

Die gezielte Lektüre eines Falltextes schafft die Voraussetzung für eine gute Falllösung. Wenn der Fall unter Zeitrestriktion gelöst werden muss, lohnt es sich, einige wenige, aber wichtige Grundsätze zu beachten:

- **Überblick verschaffen**
  Im Zentrum stehen vorerst die Struktur und die zentralen Inhalte der Fallstudie. Es geht noch nicht darum, Details zu erfassen, sondern lediglich um eine grundsätzliche Orientierung im Text. Dies kann durch die Lektüre der Überschriften und das Studium von Abbildungen und Tabellen erreicht werden.
- **Fragen zur Fallstudie zuerst lesen**
  Die Kenntnis der Fragen erleichtert die Identifikation von Schwerpunkten in der Fallstudie und dadurch die Informationsselektion. Da Falltexte in der Regel bewusst auch nebensächliche Informationen enthalten, ist es wichtig, mit einem auf den Fragestellungen basierenden Analyseraster vorzugehen.
- **Falltext im Detail lesen und Notizen machen**
  In einer Prüfungssituation kann der Fall aufgrund des Zeitdrucks in der Regel nicht zweimal gelesen werden. Aus diesem Grund ist ein konzentriertes Lesen erforderlich. Neben der Markierung von für die Fragestellung wichtigen Passagen (Sicherstellung einer raschen Auffindbarkeit bei der Erarbeitung von Lösungen) empfiehlt es sich, zentrale Informationen stichwortartig zu notieren.

Diese Grundsätze sind als Hilfestellung zu verstehen. Sie ersetzen die individuelle Vorgehensmethodik nicht, sondern sind zu deren Ergänzung gedacht.

7.4 Fallstudien systematisch bearbeiten

7.4.1 Vorgehensschritte im Überblick

Bei Fallstudien handelt es sich häufig um Entscheidungsfälle. In der Literatur finden sich viele Vorgehenskonzepte zur Lösung von Entscheidungsproblemen. Ein

Überblick zu möglichen Vorgehensweisen zur Lösung von Fallstudien bieten Eschenbach/Kreuzer/Neumann (1994: 14 ff.). Grundsätzlich können aber auch allgemeine Entscheidungsheuristiken verwendet werden. So orientiert sich die nachfolgend beschriebene Vorgehensweise teilweise an den Phasen des organisatorischen Gestaltungsprozesses nach Grochla (1982: 44 ff.). Abbildung 18 zeigt die vorgeschlagenen acht Schritte zur Fallbearbeitung.

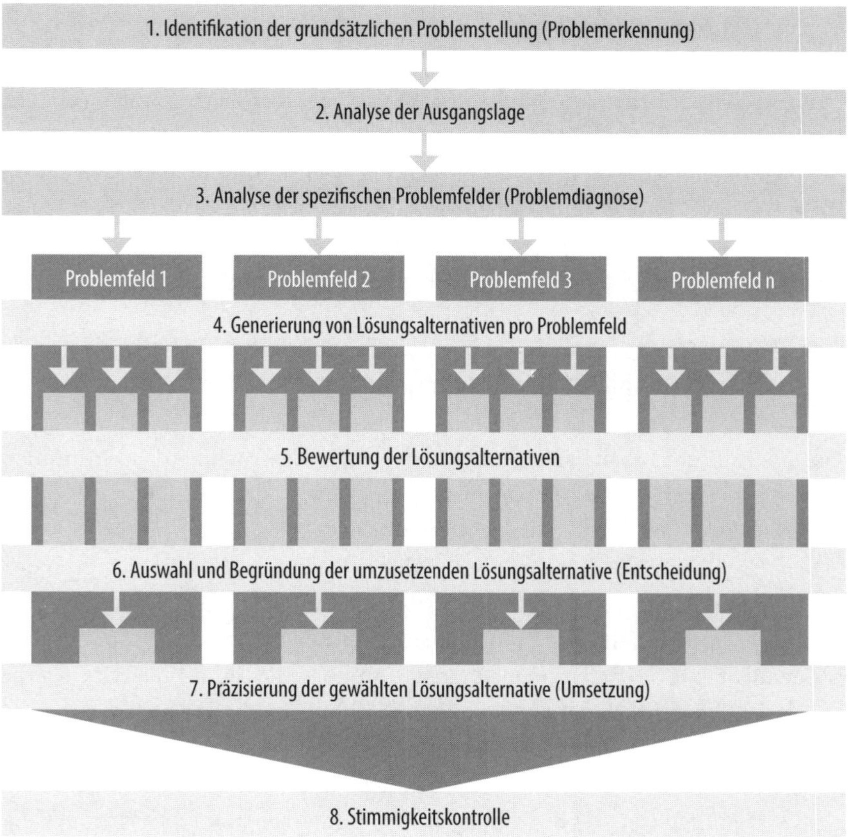

Abbildung 18: Schritte zur Fallstudienbearbeitung

Bei diesen Vorgehensschritten handelt es sich aber keineswegs um eine strenge chronologische Abfolge, sondern vielmehr um eine logische Ordnung. Aus diesem Grund sind Rückkoppelungen (analog zum Verfassen einer Fallstudie) denkbar, zum Teil sogar wünschenswert. Durch sie können später identifizierte Interdependenzen bei der Lösung des Falles angemessen berücksichtigt werden.

Um die vorgeschlagene Vorgehensweise ausreichend zu präzisieren, folgt im Anschluss die detaillierte Erläuterung der acht Schritte:

7.4.2 Schritt 1: Identifikation der grundsätzlichen Problemstellung (Problemerkennung)

Der erste Schritt dient der Identifikation offener oder verdeckter Probleme des Falles. Wie bereits erwähnt, können die zum Falltext gestellten Fragen die Selektion der relevanten Informationen erleichtern. Dabei geht es insbesondere auch darum, die mit der Falllösung zu erreichenden grundsätzlichen Ziele (z. B. Reorganisation, Effizienzsteigerung, Innovation etc.) oder Soll-Vorstellungen zu klären. Bei diesem Schritt wird der Fall in seiner Gesamtheit betrachtet.

7.4.3 Schritt 2: Analyse der Ausgangslage

Die im Falltext enthaltenen Informationen zum Unternehmen/zur Institution sind nun zu sammeln und zu systematisieren.

- *Ermittlung und Analyse relevanter externer Rahmenbedingungen (Umfeldanalyse):* Die große Zahl möglicher Umweltbedingungen lässt sich grob den folgenden Kategorien zuordnen: wirtschaftliche, technische, politisch-rechtliche, sozio-kulturelle und ökologische Rahmenbedingungen. Sie sind interdependent und variieren für jede Branche. Aus diesem Grund gilt es, das externe Umfeld hinsichtlich der Chancen und Bedrohungen für das analysierte Unternehmen zu erkunden.
- *Ermittlung und Analyse des Ist-Zustandes (Unternehmensanalyse):* Den identifizierten Chancen und Bedrohungen sind die Stärken und Schwächen des analysierten Unternehmens gegenüberzustellen. Hierfür ist eine Unternehmensanalyse erforderlich, die auf die internen Rahmenbedingungen ausgerichtet ist. Zentrale interne Faktoren sind beispielsweise das Qualifikationsniveau der Mitarbeitenden, der Technologiestandard, der Führungsstil und die Unternehmenskultur sowie die Produktepalette oder das Dienstleistungsprogramm des Unternehmens. In diesem Zusammenhang gilt es auch, diejenigen Ent-

scheidungen und Projekte (z. B. Reorganisationsprojekte) zu identifizieren, welche das Unternehmen in der Vergangenheit maßgeblich beeinflusst haben.

Das beschriebene Vorgehen entspricht grundsätzlich einer sogenannten SWOT-Analyse. Durch die Beschreibung der relevanten Umweltsituation und die Charakterisierung des im Zentrum stehenden Unternehmens/der Institution wird der Gestaltungsspielraum für die Lösungsalternativen abgesteckt und damit eine tragfähige Basis für das weitere Vorgehen geschaffen.

7.4.4 Schritt 3: Analyse der spezifischen Problemfelder (Problemdiagnose)

Während es im ersten Schritt des Vorgehenskonzeptes um eine Identifikation der grundsätzlichen Problembereiche ging, steht hier die *Präzisierung der einzelnen Problemfelder/Fragestellungen* im Vordergrund. Ziel dieses Schrittes ist eine fundierte Analyse der Ursachen erkannter Schwachstellen sowie eine lösungsorientierte Aufbereitung der erhobenen Sachverhalte. Anschließend sind die Interdependenzen zwischen den Problemfeldern zu ermitteln. Letztere können sich gegenseitig verstärken oder abschwächen. Es ist auch möglich, dass keine erfassbare Beeinflussung besteht.

Im Sinne einer Priorisierung müssen dann die verschiedenen Problemfelder *gewichtet* werden. Als mögliches Gewichtungskriterium bietet sich der direkte oder indirekte Beitrag der tangierten Funktion zur Erreichung der Unternehmensziele an. Die den Problemfeldern beigemessene Priorität muss sich in der für die Lösungsfindung aufgewendeten Zeit niederschlagen.

Um in den nächsten Schritten konkrete Gestaltungsalternativen erarbeiten und bewerten zu können, ist es wesentlich, sowohl die relevanten Restriktionen als auch die relevanten Gestaltungsziele für die Problemlösung pro Problemfeld zu identifizieren, zu konkretisieren und zu fixieren. Das Ergebnis dieser Aktivität kann ein konkreter Auftrag an verantwortliche Personen im HR in der Organisation oder externe Beratende sein. Der Auftrag sollte Klarheit darüber schaffen, *was* zu tun ist (inhaltliche Dimension bzw. Sachziel) und *wie* es zu tun ist (Bewertungskriterien bzw. Formalziele). Damit soll keinesfalls die Erarbeitung oder die Bewertung der Lösungsalternativen vorweggenommen werden. Es geht vielmehr um die Festlegung von grundsätzlichen Gestaltungszielen und -kriterien

(z. B. Qualität, Wirtschaftlichkeit, Umsetzbarkeit, Erreichungszeitraum), die eine Erarbeitung und Beurteilung von Lösungsalternativen überhaupt ermöglichen.

7.4.5 Schritt 4: Generierung von Lösungsalternativen

Die im vorhergehenden Schritt definierten Problemfelder erlauben in der Regel mehrere Handlungsalternativen. Obwohl interdependente Problemfelder unter Umständen mit *einem* (umfassenden) Lösungsansatz zu bewältigen sind, sollte dennoch für jedes Problemfeld ein Set von Alternativen erarbeitet werden. Bei der Erarbeitung der verschiedenen Lösungsalternativen empfiehlt sich ein heuristisches Verfahren. Aufgrund unvollständiger Informationen wird es nämlich selten möglich sein, alle denkbaren Handlungsalternativen gegeneinander abzuwägen. Die Suche nach Handlungsalternativen stellt vielmehr einen kreativen Prozess dar. Aus diesem Grund ist bei der Suche nach Lösungsalternativen auf Kreativitätstechniken (z. B. Brainstorming oder morphologische Methoden) zurückzugreifen. Oft sind die Lösungsansätze auch implizit in den zur Fallstudie formulierten Fragen enthalten. Es ist klar, dass die verschiedenen Lösungsansätze aus dem Wissens- und Erfahrungshintergrund der Personen, welche den Fall bearbeiten, entstehen und sich schon allein deshalb deutlich unterscheiden können. Die Ausarbeitung der Alternativen muss sich auf die *groben Grundzüge beschränken,* da die Präzisierung aus arbeitsökonomischen Gründen erst nach der Entscheidung für eine bestimmte Lösungsvariante erfolgen sollte.

Wie bereits mehrfach angedeutet, kann die Vorgehensweise zur Falllösung auch Rückkopplungen enthalten. Es ist wahrscheinlich, dass sich die Aktivitäten der Problemerkennung, der Analyse der Ausgangslage, der Problemdiagnose und der Generierung von Handlungsalternativen gegenseitig überlagern, da sie stark miteinander verknüpft sind. Die Generierung innovativer und (im Sinne des Sachziels) zielführender Lösungskonzepte erfordert deshalb ein sukzessives Herantasten an die Problemstellung und die Handlungsalternativen.

Bereits bei der Generierung von Handlungsalternativen ist auf deren praktische Umsetzbarkeit zu achten. Theoretische Maximallösungen sind oft unwirtschaftlich oder aufgrund der Machtkonstellationen bzw. Interessenlagen in dem betroffenen Unternehmen in der Umsetzung unrealistisch.

7.4.6 Schritt 5: Bewertung der Lösungsalternativen

Bevor die in Schritt drei definierten Kriterien (Formalziele) bei der Bewertung der generierten Lösungsalternativen zur Anwendung kommen (Gewichtung nach dem Beitrag einer Lösung zur Zielerreichung), gilt es, die *Konsequenzen der Varianten* einzuschätzen. Dieser Schritt umfasst auch die Erstellung einer Argumentenbilanz, welche die Vorteile einer Lösung deren Nachteilen gegenüberstellt. Diese Gegenüberstellung darf sich nicht in einer losen Abfolge von Qualifizierungen erschöpfen, sondern muss im Sinne einer Entscheidungsvorbereitung anhand von Themenbereichen (Auswirkungen auf Personal, Finanzen, Infrastruktur, Produktion, Unternehmenskultur etc.) strukturiert sein.

Bei der Bewertung sollte immer das Gesamtbild des Unternehmens im Auge behalten werden. Ein zu hoher Detaillierungsgrad beim Bewertungsvorgang kann zu Scheingenauigkeiten in Einzelaspekten führen und als Folge davon zu falschen Schwerpunktsetzungen verleiten.

7.4.7 Schritt 6: Auswahl und Begründung der umzusetzenden Lösung (Entscheidung)

Voraussetzung für eine Auswahl ist immer das Vorliegen von mehreren, mindestens aber zwei Lösungen. Hat der Generierungs- und Bewertungsprozess zur Reduktion auf eine Alternative geführt, ist er (zumindest teilweise) zu wiederholen. Obwohl sich eine dominante Lösung abzeichnen kann, ist es wichtig, deren Tragfähigkeit im direkten Vergleich mit anderen Varianten zu überprüfen. Im Minimalfall ist ein Vergleich mit dem Status quo vorzunehmen. Das Ergebnis des sechsten Schrittes muss in jedem Fall die *eindeutige Entscheidung* für eine Lösungsalternative sein.

Entscheidung und Entscheidungsvorbereitung sind aber klar voneinander zu trennen. In der Unternehmenspraxis findet die Entscheidungsvorbereitung oft in Stäben oder durch externe Berater statt, die selbst über keine diesbezüglichen Entscheidungskompetenzen verfügen. Damit die Entscheidung nicht vorweggenommen wird, haben sie den Entscheidungsträgern mehrere Handlungsalternativen vorzuschlagen.

Auswahl und Begründung der umzusetzenden Lösungsalternative stellen das zentrale Merkmal eines Entscheidungsfalles dar. Die Beurteilung der Gesamtlösung des Falles muss sich daher schwergewichtig auf diesen Schritt beziehen. Es empfiehlt sich, für die Begründung der Entscheidung genügend Zeit aufzuwenden und diese ausreichend (auch anhand von Theoriebausteinen) zu fundieren.

7.4.8 Schritt 7: Präzisierung der gewählten Lösungsalternative (Umsetzung)

Die im vorhergehenden Schritt gewählte Alternative ist nun in einem konkreten Maßnahmenplan umzusetzen. Die betriebliche Praxis hat gezeigt, dass es wesentlich einfacher ist, Konzepte zu erarbeiten, als diese zu implementieren. Der Erfolg einer betriebswirtschaftlichen Lösung ist daher eng mit der Art ihrer Umsetzung verknüpft. Es genügt nicht, eine «technisch» einwandfreie Lösung zu erarbeiten. Vielmehr muss auch die Wandlungsfähigkeit des Systems berücksichtigt werden. So gilt es, bestehende Wissens-, Motivations- und Risikobarrieren auf der Seite der Mitarbeitenden zu beachten und durch geeignete Maßnahmen zu überwinden. Reorganisationen führen beispielsweise oft zu Ressourcenverschiebungen, die bei den Betroffenen Existenzängste (Risikobarrieren) auslösen können. Die eine Reorganisation begleitenden Informationsmaßnahmen gehören daher sicherlich auch in die präzisierte Lösungsalternative.

Trotz der Notwendigkeit einer umfassenden Lösung ist eine Konzentration auf die wesentlichen Aspekte im Sinne des Sachziels erforderlich. Sonst besteht die Gefahr, dass sich die präsentierte Lösung in den Details verliert.

7.4.9 Schritt 8: Stimmigkeitskontrolle

Nach der Bearbeitung der einzelnen Problemfelder sind die gewählten und präzisierten Lösungsansätze auf ihre Stimmigkeit im Gesamtkontext zu überprüfen. Sie dürfen sich nicht in ihrer Wirkung beeinträchtigen. Teilfragen, die isoliert gesehen optimal gelöst sind, können im Gesamtkontext zu negativen Effekten führen und sind daher anzupassen. Nur so ist eine konsistente Lösung möglich. Daher ist zum Abschluss der Fallbearbeitung die Einnahme einer Überblicksperspektive zu empfehlen.

Abschließend ist festzuhalten, dass eine klare, gut formulierte und systematisch aufgebaute Argumentation für die Qualität der Falllösung wesentlich wichtiger ist als die zwanghafte Suche nach der «richtigen» Lösung.

7.5 Falllösungen verständlich und klar schreiben

Die Falllösung sollte in einer *klaren und einfachen Sprache* geschrieben sein, da die Überzeugungskraft der Argumente nicht zuletzt davon abhängt, wie diese vorgetragen werden. Dazu gehören kurze, aussagekräftige Sätze und die Verwendung bekannter bzw. im Vorfeld erklärter Begriffe. Vorzugsweise wird von der Sache her argumentiert. Subjektivismen («ich bin der Meinung», «meines Erachtens» etc.) sind zu vermeiden. Nicht die eigene Person, sondern die betriebswirtschaftlichen Begründungen müssen überzeugen.

Im Sinne der Transparenz der vorgeschlagenen Lösung ist diese *klar zu strukturieren.* Die Argumentationslinie muss auch für andere Personen nachvollziehbar sein. Dazu gehört beispielsweise die eindeutige Zuordnung von Lösungselementen zu den entsprechenden Fallfragen. Es ist nicht Aufgabe des Lesers, sich die Lösung zusammenzusuchen.

In der Betriebswirtschaftslehre hat sich die Verdeutlichung komplexer Zusammenhänge in *Abbildungen* bewährt. Es empfiehlt sich, die Vorteile einer Visualisierung auch bei der Fallbearbeitung zu nutzen. Die aufwendige verbale Erläuterung eines Lösungsweges kann durch eine aussagekräftige Skizze teilweise substituiert werden.

8 Fallstudien bewerten

8.1 Grundsätzliches zur Bewertung

Je nachdem, in welchem Kontext die Fallstudie zum Einsatz kommt, können sich die Herangehensweisen und die Kriterien für die Bewertung unterscheiden. Die Fallstudie kann eine Prüfungsleistung mit Notengebung darstellen, die entweder im Sinne einer schriftlichen Arbeit über einen längeren Zeitraum bearbeitet wird (analog zu einer Bachelor- oder Masterarbeit) oder sie kann in einem kürzeren Zeitraum (3-4 Stunden) im Sinne einer schriftlichen Prüfung im engeren Sinn absolviert werden. Bei der schriftlichen Arbeit ist es denkbar, die Prüfungsleistung um eine Präsentation mit oder ohne Diskussion zu ergänzen. Falls die Fallstudie in einem Schulungs- oder Weiterbildungskontext zur Anwendung kommt, steht nicht das Prüfungsergebnis an sich, sondern die Erreichung definierter Lernziele im Vordergrund. So kann die Fallstudie zur Vermittlung von Inhalten, zum Training der Zusammenarbeit in Gruppen, zur Schulung eines systematischen Vorgehens und der korrekten Anwendung von Methoden der empirischen Sozialforschung sowie zur Weiterentwicklung der Fähigkeit zur Interaktion mit verschiedenen Anspruchsgruppen (z. B. Praxispartnern) dienen. Je nach dem spezifischen Einsatz der Fallstudie kommen unterschiedliche Bewertungskriterien zum Einsatz. Unabhängig davon ist wichtig, dass dem konstruktiven Feedback bei der Bewertung eine hohe Bedeutung zukommt. Nur so können Personen, welche eine Fallstudie erarbeiten oder im Rahmen einer Prüfung lösen, Lerneffekte erzielen.

8.2 Bewertungsdimensionen und -kriterien

8.2.1 Formale Kriterien

Wie jede schriftliche Arbeit sollte die Fallstudie formell so gestaltet bzw. verfasst sein, dass sie deren Inhalt optimal vermitteln kann. Im Einzelnen geht es um die folgenden formellen Bewertungskriterien:

- **Aufbau und Struktur:** Hier geht es um den klaren Aufbau und die gut nachvollziehbare Struktur der Arbeit. Die einzelnen Kapitel sollten logisch aufeinander aufbauen und es den Lesenden erleichtern, die Fallstudie zu verstehen.

- **Vollständigkeit:** Eine Fallstudie ist dann vollständig, wenn sie alle relevanten Abschnitte enthält (vgl. Abbildung 17) und zudem umfangmäßig (Seitenzahl) innerhalb der im Vorfeld definierten Parameter liegt.
- **Darstellung und Präsentation:** Attraktiv gestaltete Fallstudien erhöhen die Lesbarkeit und das Verständnis. Hierbei geht es um erkenntnisfördernde Abbildungen, ein gut lesbares Schrift- und Seitenbild sowie eine korrekte Nummerierung.
- **Orthografie, Interpunktion und Grammatik:** Eine korrekte Rechtschreibung, Zeichensetzung und Grammatik sind Voraussetzungen dafür, dass die formulierten Gedanken verstanden werden.
- **Ausdruck und Verständlichkeit:** Schachtelsätze, Wortwiederholungen, eine pseudowissenschaftliche Sprache oder umgangssprachliche Formulierungen, unnötige Fremdwörter und unklare, nicht nachvollziehbare Texte erschweren es den Lesenden, die Inhalte der Fallstudie nachzuvollziehen und lenken vom Kern ab.
- **Zitierweise:** Auch bei nicht direkt wissenschaftlichen Arbeiten kommt der Kennzeichnung fremden Gedankengutes eine hohe Bedeutung zu. Es ist ein Kennzeichen von Redlichkeit, Ideen und Textpassagen, die von anderen Personen übernommen worden, korrekt zu zitieren. Dabei geht es um Klarheit und Einheitlichkeit sowie die Orientierung an einer akzeptierten Zitierweise (z. B. die Harvard-Zitierweise). Wenn immer möglich, sind Originalquellen zu zitieren.
- **Literatur- und Dokumentenverzeichnis:** Diese Verzeichnisse müssen es den Lesenden erlauben, die referenzierte Quelle aufzufinden. Insbesondere bei Internetquellen ist diese Anforderung besonders bedeutsam.

Die Erfüllung formaler Erfordernisse stellt auch bei einer Fallstudie einen «Hygienefaktor» dar. Diese dürfen den inhaltlichen Qualitäten der Arbeit nicht gleichgesetzt werden, sind aber dennoch zu berücksichtigen, weil schlecht formulierte Gedanken – auch wenn sie noch so gut wären – häufig nicht nachvollziehbar sind. Die Gewichtung formaler Aspekte sollte 25 % aber trotzdem nicht überschreiten.

8.2.2 Inhaltliche Kriterien

Die nachfolgende, umfassende Darstellung von inhaltlichen Kriterien geht von der Bewertung einer Fallstudie im Sinne einer schriftlichen Arbeit aus, die über einen längeren Zeitraum bearbeitet wird. Bei der Nutzung der Fallstudie in einer schriftlichen Prüfung von drei bis vier Stunden kommen vor allem spezifische inhaltliche Kriterien (vgl. Abschnitt 8.2.2.2) zur Anwendung. Die generellen inhaltlichen Bewertungskriterien lassen sich grundsätzlich für jegliche Art von schriftlichen Ausarbeitungen verwenden. Die fallstudienspezifischen Bewertungskriterien orientieren sich stärker an der konkreten Anwendung dieses Forschungsdesigns.

8.2.2.1 Generelle inhaltliche Kriterien

- **Klarheit der Problemstellung und Zielsetzung:** Wie bei jeder schriftlichen Arbeit ist zu klären, welche Fragestellung bearbeitet wird und welche Ziele erreicht werden sollen. Eine möglichst konkrete und präzise Beschreibung der angestrebten Ziele ist eine Voraussetzung für die Bewertung der Zielerreichung. Die detaillierte Beschreibung der Problemstellung ist wichtig, weil daraus der Aufbau der Fallstudie und das methodische Vorgehen abzuleiten sind.
- **Zielerreichung und Aussagekraft:** Klare Zielsetzungen erleichtern die Bewertung der Zielerreichung und der Aussagekraft einer Fallstudie. Hier gilt es zu beurteilen, ob die Fallstudie der beschriebenen Fragestellung gerecht wird und ob sie bei den Lesenden zu einem Erkenntnisfortschritt führt. Die Aussagekraft kann anhand von Begriffen wie Informativität, Informationsverdichtung und Problemlösungsumsicht operationalisiert werden.
- **Klarheit der Gedankenfolge:** Gelingt es, die Inhalte gut nachvollziehbar darzulegen und sich dabei einer gut verständlichen Sprache zu bedienen (Verbindung zu den formalen Bewertungskriterien, Abschnitt 8.2.1), sind Texte intersubjektiv nachvollziehbar. Wenn Lesende jederzeit wissen, wo sie sich in der Argumentationsfolge befinden und wie die Überlegungen aufeinander aufbauen, ist die Klarheit der Gedankenfolge gegeben.
- **Qualität der Argumentation/Begründungen:** Aussagen sind mit fundierten und stichhaltigen Argumenten oder Überlegungen zu untermauern. Dabei kommt es nicht auf die Menge von Argumenten an, sondern auf deren Überzeugungskraft. Eine hohe Qualität der Argumentation bedeutet nicht, dass die Lesenden den Schreibenden in jedem Fall zustimmen müssen. Es geht vielmehr darum, dass die Lesenden verstehen, warum so argumentiert wird und was die Begründungen für diese Argumente sind.
- **Eigenständigkeit der Argumentation:** Eine gute Argumentation kann gängige Lehrmeinungen rezipieren oder eigene Gedanken entwickeln. Eine Aneinanderreihung von Literaturquellen lässt auf eine geringere Eigenständigkeit

in der Argumentation schließen. Die Entwicklung eigener Argumentationslinien und deren fundierte Begründung sind entsprechend höher zu werten.

- **Fähigkeit zur Interpretation:** Fallstudien basieren auf qualitativen und quantitativen Daten. Wenn es gelingt, diese Daten nicht nur zu verstehen, sondern auch zu bewerten und zu reflektieren sowie Schlüsse daraus zu ziehen, ist eine hohe Fähigkeit zur Interpretation gegeben. Im Sinne der Hermeneutik als Wissenschaft des Verstehens (vgl. Lamnek/Krell 2016: 68 ff.) bedeutet Interpretation bei Fallstudien u. a. das Begreifen sozialer und situativer Kontexte sowie die Deutung von Interaktions- und Kommunikationsprozessen.
- **Innovationsgrad und Kreativität:** Fallstudien bieten Raum für Innovation und Kreativität. So können neue methodische Konzepte realisiert, unkonventionelle Gedanken erläutert oder bisher wenig bekannte Argumentationslinien aufgebaut werden. Eine Innovation ist vor allem dann gegeben, wenn sie neu, nützlich und umsetzbar ist.
- **Literaturauswahl und Literaturnutzung:** Auch wenn Fallstudien häufig auf Primärdaten beruhen, kommt der verarbeiteten Literatur eine hohe Bedeutung zu. Es gilt, geeignete Forschungsmethoden zu verwenden und diese mittels Literaturquellen zu begründen. Argumente werden im Idealfall ebenfalls anhand von Gedanken aus der Literatur reflektiert. Dabei ist nicht die Anzahl an Quellen relevant, sondern deren Relevanz für den jeweiligen Sachverhalt. Zudem ist zu bewerten, ob es gelingt, die Quelle inhaltlich auszuloten oder ob die Interpretation lediglich an der Oberfläche bleibt.
- **Fähigkeit zur resümierenden Zusammenfassung:** Die Zusammenfassung und das (Zwischen-)Fazit sind wichtige Instrumente der Leser- und Leserinnenführung. Sie heben hervor, was aus der Sicht der Schreibenden wichtig ist, und verankern so zentrale Inhalte.

8.2.2.2 Fallstudienspezifische inhaltliche Kriterien

- **Beschreibung des methodischen Vorgehens:** Der Fallstudie steht ein umfassendes Instrumentarium qualitativer und quantitativer Methoden der empirischen Sozialforschung zur Verfügung. Sie kann mittels einer empirischen, einer sachlich-analytischen und – mit Einschränkungen – einer formal-analytischen Forschungsstrategie erarbeitet werden. Dabei ist es zentral, dass das methodische Vorgehen lückenlos dokumentiert und nachvollziehbar erläutert wird. Insbesondere bei qualitativen Forschungsdesigns ist das ein zentrales Qualitätskriterium. Hinzu kommt, dass sich umsichtig erarbeitete Fallstudien durch eine kritische Distanz zum eigenen methodischen Vorgehen auszeichnen. Es gilt, neben den Vorteilen eines Forschungsansatzes auch dessen Nachteile bzw. Limitationen aufzuzeigen (vgl. hierzu auch Abschnitt 4.3.2).

- **Beschreibung der Situation bzw. der Organisation:** Fallstudien sind stark kontextabhängig. Aus diesem Grund sind die Beschreibung der Organisation und deren spezifische Situation wichtig. Nur wenn diese bekannt sind, lassen sich die Ausführungen korrekt einordnen. Ein Hightech-Unternehmen in der Gründungsphase sieht sich anderen Herausforderungen gegenüber als ein traditionsreiches Industrieunternehmen in einem rückläufigen Markt.
- **Erläuterung der Ausgangslage:** Je besser die Ausgangslage beschrieben und verstanden wird, umso besser gelingt es den Lesenden, sich in die konkrete Problemstellung der Organisation hineinzudenken. Während es bei der Beschreibung der Situation um die Charakterisierung der Organisation und deren Positionierung in einer Branche sowie im unternehmerischen Lebenszyklus geht, behandelt die Ausgangslage den engeren im Fokus stehenden Problembereich bzw. die zentrale Fragestellung.
- **Problemdiagnose:** Praktisch bei jeder Fallstudie kommt der Identifikation der zentralen Problemstellung eine hohe Bedeutung zu. Ist die Diagnose falsch, kann in der Regel auch die Therapie nichts ausrichten. Aus diesem Grund darf sich eine Fallstudie nicht mit den offensichtlichen oder oberflächlichen Problemen zufriedengeben: Sie muss tiefer gehen! Es gilt, zum Kern des Problems bzw. zu der zugrundeliegenden Ursache vorzustoßen. Instrumente wie das Ishikawa-Diagramm oder die Fehlerbaumanalyse können hier helfen.
- **Lösungsansätze:** Je nach Art der Fallstudie enthält diese auch eine oder mehrere Lösungsansätze. Da es – insbesondere in den Sozialwissenschaften – für ein Problem nicht nur eine Lösung gibt, sollten mehrere Lösungsvarianten vorgestellt und miteinander verglichen werden. Die Zwangsläufigkeit der von Autoren häufig in den Vordergrund gestellten Lösungen ist häufig nicht gegeben. Erst in der Gegenüberstellung verschiedener Varianten erschließt sich deren innerer Wert.
- **Bewertung der Lösungsansätze:** Wichtige Kriterien bei der Bewertung von Lösungsansätzen sind die Problemlösungsumsicht («Beachtet die Lösung alle relevanten Aspekte des Problems?») und die Situationsangemessenheit («Funktioniert die Lösung in der spezifischen Situation?»). Es darf in einer Fallstudie mit Lösungsvorschlägen erwartet werden, dass diese einen Bewertungsmaßstab liefert, anhand dessen die Lösung beurteilt werden kann. Wenger/Thom (2021: 131 ff.) haben dies sehr systematisch für Organisationsstrukturen anhand von Effizienzkriterien getan.

- **Begründung der empfohlenen Lösung:** Eine systematisch anhand der Problemdiagnose erarbeitete und mittels Kriterien bewertete Lösung lässt sich gut begründen. Die Lesenden sollten gut nachvollziehen können, warum gerade diese Lösung empfohlen wird. Im Idealfall schlägt diese Begründung auch eine Brücke zu den definierten Zielsetzungen.
- **Erläuterung der Umsetzung:** «Es gibt nichts Gutes außer man tut es.» Letzter Prüfstein eines Lösungsvorschlages ist dessen Umsetzbarkeit. Wenn es gelingt, in der Fallstudie aufzuzeigen, wie die vorgeschlagene Lösung konkret zu realisieren ist und worauf bei der Umsetzung zu achten ist, wird deren Problemlösungsumsicht in einem umfassenden Sinn unter Beweis gestellt. Hinweise zur personellen, kulturellen und organisationalen Transformation runden die Fallstudie ab.
- **Ausführungen zur Didaktik:** Falls die Fallstudie im einem Bildungskontext eingesetzt wird (vgl. Thom/Wenger/Zaugg 2007) sollte sie auch didaktische Hinweis enthalten. Es kann sich hierbei um «Teaching Notes», also Hinweise für Dozierende oder Anleitungen zur Fallbearbeitung handeln. Eine Zusammenfassung, die Auflistung der angesprochenen Themenbereiche, die konkreten Lernziele, die abgedeckten Lernzielkategorien (z. B. entsprechend der Taxonomiestufen nach Bloom (vgl. Bloom/Englehart/Furst et al. (1956), Bloom/Hastings/Madaus (1971)), die zu beantwortenden Fragen sowie der Zeitbedarf für deren Beantwortung und die Punkteverteilung erweisen sich hier als hilfreich.

8.2.3 Kriterien zur Herangehensweise

Da die Fallstudie als qualitatives Forschungsdesign hohe Anforderungen an das methodische Vorgehen, die Wahl der eingesetzten Instrumente sowie deren Anwendung stellt, müssen diese Kriterien bei der Bewertung eine besondere Rolle spielen. Die Qualität einer Fallstudie steht und fällt mit der Qualität der gewonnenen Daten und Erkenntnisse, die wiederum von der Professionalität der Wahl und Umsetzung der Instrumente abhängt. Im Einzelnen gilt es vor allem die folgenden Kriterien zu bewerten:

- **Klarheit und Zweckmäßigkeit des methodischen Vorgehens bzw. der Methoden:** Wie bereits in der Vorgehensheuristik zur Erarbeitung von Fallstudien (vgl. Abschnitt 6.2 und Abbildung 16) beschrieben, kommt der Bestimmung der Forschungsstrategie und der Forschungsmethoden eine hohe Bedeutung zu. Das geplante Vorgehen und die Methoden sind nachvollziehbar darzustellen und sie müssen sich auch für die Erforschung der Fragestellung eignen. Es gilt, den Forschungsgegenstand möglichst vollständig zu erfassen (vgl. Kubicek 1975: 58).

- **Kritische Distanz zu den eingesetzten Methoden:** Auch bei einer wohlüberlegten Forschungsstrategie und einem umsichtigen Methodeneinsatz empfiehlt es sich, eine kritische Distanz zu den eingesetzten Verfahren zu wahren. Das bedeutet, dass deren Vorteile <u>und</u> Nachteile bzw. Einschränkungen darzulegen sind. Auf diese Weise können sich die Lesenden selbst ein Bild von der Aussagekraft der Resultate machen und diese besser interpretieren. Insbesondere bei qualitativen Verfahren kommt der intersubjektiven Nachvollziehbarkeit eine große Bedeutung zu.
- **Korrekte Anwendung der eingesetzten Methoden:** Auch die beste Methode bringt nichts, wenn sie nicht korrekt angewandt wird. Es geht hier um die Vorbereitung und Durchführung der Datenerhebung sowie die Aufbereitung und Auswertung der Daten.
- **Nachvollziehbarkeit des impliziten und expliziten Bezugsrahmens:** Wie in Abschnitt 5 dargestellt, eignen sich Bezugsrahmen als Heuristiken der explorativen Forschung und somit auch als Strukturierungsinstrumente für Fallstudien. Bezugsrahmen können implizit oder explizit vorliegen. Auch hier gilt: Je besser es den Autorinnen und Autoren der Fallstudie gelingt, ihre Gedanken anhand eines Bezugsrahmens zu ordnen, umso leichter fällt es den Lesenden, die Überlegungen zu verstehen. Aspekte wie Vollständigkeit, Situationsangemessenheit, Relevanz und Logik stehen hier im Vordergrund.

Die verschiedenen Kriterien sind interdependent und lassen sich nicht eindeutig zueinander abgrenzen. Bei der Bewertung ist diesem Umstand Rechnung zu tragen. Klassische Bewertungsfehler wie der Primacy-Effekt (der erste Eindruck zur Fallstudie beeinflusst alle Kriterien) oder der Halo-Effekt (ein Kriterium «überstrahlt» alle anderen) sind ebenso zu beachten. Idealerweise sollten Fallstudien von mehreren Personen bewertet werden. Falls das aus praktischen Gründen nicht möglich ist, können Beurteilende unerwünschte und unbewusste Beurteilungsfehler durch ein möglichst systematisches Vorgehen reduzieren. Das mehrmalige Durchlesen bzw. Durcharbeiten der Fallstudie, die Orientierung an einem Kriterienraster mit Gewichtungen und das Festhalten positiver und negativer Beurteilungen während des Lesens können zu einer objektiveren Bewertung führen.

8.2.4 Kriterien zur Präsentation und Diskussion

Falls die Fallstudie nicht nur schriftlich eingereicht, sondern auch präsentiert und allenfalls sogar diskutiert wird, eignen sich vor allem die folgenden Kriterien zur Bewertung:

- **Aufbau der Präsentation:** Die Struktur der Präsentation ist so aufzubauen, dass die Zuhörenden die Inhalte verstehen und sich jederzeit gut im Thema orientieren können. Zudem ist die Dramaturgie so zu gestalten, dass eine Spannungskurve entsteht, die zum aufmerksamen Zuhören motiviert. Der Einstieg weckt das Interesse und der Ausstieg fasst die wichtigsten Botschaften noch einmal zusammen. Zwischenzusammenfassungen tragen ebenfalls zu einer besseren Hörer- und Hörerinnenführung bei. Ein attraktiver Titel erleichtert den Zugang für Zuhörende und Referierende.
- **Zeitmanagement:** Der referierenden Person obliegt es, die vorgesehene Zeitdauer einzuhalten und sie so einzuteilen, dass alle relevanten Aspekte der Fallstudie zur Sprache kommen. Der Umfang der Präsentation ist der zur Verfügung stehenden Zeit anzupassen.
- **Inhalt und Nachvollziehbarkeit:** Genauso wie die schriftlichen Ausführungen zur Fallstudie sollte auch die mündliche Vorstellung inhaltlich korrekt, gut nachvollziehbar und auf das Wesentliche fokussiert sein. Da die verfügbare Zeit in jedem Fall zu kurz sein dürfte, um alle relevanten Aspekte der Fallstudie zu behandeln, sollten die Referierenden zuerst einen Überblick geben und dann für das Zielpublikum besonders relevante Aspekte vertiefen.
- **Verständlichkeit und Sprache:** Die Sprache ist das zentrale Gestaltungsmittel von Vortragenden. Sprechweise (deutlich, ohne Irritationen), Stimme (warm und angenehm), Modulation (dem Inhalt entsprechende Variation, nicht monoton), Lautstärke (für alle Anwesenden gut hörbar, aber nicht zu laut), Tempo (ausgeglichen, dynamisch, gute Pausentechnik) und Tonfall (nicht zu hohe Stimme) beeinflussen das Verstehen maßgeblich. Die Verwendung einer zielgruppengerechten Terminologie, Ausdrucksweise (sachlich-unterhaltsam, aber nicht flapsig) und Wortwahl (klar, fokussiert, wenig Worthülsen und Füllwörter), sind ebenfalls wichtig. Schließlich machen Stilmittel wie Humor oder Anekdoten und anschauliche Beispiele einen Vortrag lebendig und unterhaltsam.
- **Auftreten:** Auch die nonverbale Kommunikation darf nicht unterschätzt werden. Das Auftreten, die Haltung, die Körpersprache, die Mimik und die Ausstrahlung haben einen erheblichen Einfluss darauf, wie ein gesprochenes Wort

wahrgenommen wird. Mehrabian und Ferris (1967) zeigen in ihren Studien, dass die Stimmlage und insbesondere die Körpersprache einen wesentlichen Einfluss auf die Akzeptanz der Inhalte haben. Es ist zudem relevant, ob es der referierenden Person gelingt, den Blickkontakt mit den Zuhörenden zu halten. Die freie Rede wirkt mitreißender und lebendiger als ein abgelesenes Manuskript, wobei hier die Erfahrung der Referierenden eine bedeutende Rolle spielt.

- **Zielgruppengerechtigkeit:** Wie bereits mehrfach angedeutet, ist die Präsentation auf die Zuhörenden auszurichten. Dabei gilt es, deren Sprache zu wählen, Beispiel zu verwenden, die verstanden werden und dasjenige Wissen als Grundlage für das Verstehen vorauszusetzen, das bei der Zielgruppe vorhanden ist. Anspruchsvoll sind heterogene Zielgruppen. Hier müssen die Referierenden entscheiden, welche Teilpopulation in der Zuhörerschaft sie ansprechen wollen, oder einen Mittelweg wählen.
- **Nutzung von Hilfsmitteln:** Natürlich gibt es den klassischen Vortrag, der ohne Hilfsmittel auskommt. Folien oder Anschauungsbeispiele können es Zuhörenden erleichtern, die Inhalte besser zu verstehen. Die hierfür erforderlichen technischen Hilfsmittel (Computer, Beamer, Projektor, Leinwand, Bildschirm, Presenter, Uniboards etc.) sind zielführend und routiniert einzusetzen. Das gleiche gilt für Mikrofone, Lautsprecheranlagen u. Ä. Bei der Nutzung von Hilfsmitteln ist ein im Vorfeld durchgeführter Test sicherlich empfehlenswert.
- **Folien und Visualisierungen:** Falls Folien und Visualisierungen verwendet werden, sind diese aussagekräftig, auf das Wesentliche reduziert sowie optisch ansprechend zu gestalten. Texte sind prägnant und klar zu formulieren (idealerweise in Stichworten). Anstelle der allgegenwärtigen PowerPoint-Software können auch innovative Lösungen wie Prezi, Genially oder Visme genutzt werden. Die Referierenden sollten aber gut mit diesen Programmen vertraut sein.
- **Einbezug Zuhörende und Wirkung:** Gute Präsentationen lassen sich auch daran erkennen, dass es den Referierenden gelingt, eine Beziehung zu den Zuhörenden aufzubauen. Fragen ans Publikum, Zwischenzusammenfassungen, provokative Themen, ad-hoc-Abstimmungen etc. steigern die Mitwirkung. Bei einer Fallstudie könnten beispielsweise Lösungsideen von den Zuhörenden erfragt werden, bevor die eigene Lösung vorgestellt wird. Wenn es gelingt, das Publikum zu involvieren, entsteht eine größere Wirkung als bei einem «Frontalvortrag» ohne Interaktion. Zudem erhalten Referierende während des Vortrages explizit oder implizit Feedback und können ihren Stil

anpassen. Wenn Fragen auftauchen oder Missverständnisse entstehen, lassen sich diese rasch aufklären.
- **Beantwortung von Fragen und Diskussion:** Falls Fragen nicht schon während der Präsentation geklärt wurden, erfolgt deren Beantwortung am Ende der Vorstellung der Fallstudie. Das hat den Vorteil, dass der Gedankenfluss nicht durch Zwischenfragen unterbrochen wird und damit die Stringenz der Argumentation verloren gehen kann. Fragen am Schluss erschweren allerdings den Einbezug der Zuhörenden während des Vortrages. Fragen sind so kurz wie möglich und präzise zu beantworten. Falls Referierende die Antwort auf eine Frage nicht kennen, ist es besser, dies zuzugeben und eine spätere Beantwortung in Aussicht zu stellen. In der Diskussion gilt es die geäußerten Standpunkte ernst zu nehmen, gleichzeitig aber den eigenen Standpunkt konsistent zu vertreten. Er darf nicht zu Widersprüchen zum vorher Gesagten kommen.

Je nachdem, in welchem spezifischen Kontext eine Fallstudie zu bewerten ist, können unterschiedliche Kriterien zur Anwendung kommen. Es empfiehlt sich daher, vor der Bewertung einen Bewertungsbogen mit Kriterien, Operationalisierungen und Gewichtungen zu konzipieren. Auf diese Weise wird die Bewertung dem Anwendungszusammenhang der Fallstudie gerecht.

8.3 Bewertungsprozess

8.3.1 Schriftliche Prüfung

Wenn Fallstudien im Rahmen einer schriftlichen Prüfung eingesetzt werden, steht für deren Bearbeitung in der Regel nur eine beschränkte Zeit zur Verfügung. Der Bewertungsprozess sollte diesem Umstand Rechnung tragen. Eigentlich beginnt der Bewertungsprozess mit der Formulierung der Prüfungsfallstudie und der dazu gehörenden Fragen. Dozierende müssen sicherstellen, dass die Fallstudie dem behandelten Stoff gerecht wird und von den Studierenden beantwortet werden kann. Idealerweise kennen die Studierenden bereits die Kriterien und deren Gewichtung oder zumindest die Punkte, die sie mit der Bearbeitung der Fallstudie erzielen können. Zudem ist die für die Bearbeitung empfohlene Zeit anzugeben.

Bei der Bewertung im engeren Sinn verschafft sich die korrigierende Person zuerst einen Überblick (erste Lesung) und geht dann vertieft auf die Antworten zu den Fragen ein (zweite Lesung). Sie macht sich Notizen, um Beobachtungen, die während des vertieften Studiums auftreten, nicht zu vergessen. Anschließend wird die Fallbearbeitung anhand des im Vorfeld erstellten Bewertungsbogens provisorisch bewertet. Falls die Fallstudie von mehreren Personen bearbeitet wird, empfiehlt sich ein Vergleich der Antworten verschiedener Kandidatinnen bzw. Kandidaten. Reihenfolgeeffekte oder andere Beurteilungsfehler lassen sich auf diese Weise reduzieren. Die definitive Notengebung basiert auf dem ausgefüllten Bewertungsbogen und den Notizen. Diese beiden Hilfsmittel sind zudem nützlich, wenn ein differenziertes Feedback zur Prüfungsleistung erwünscht ist oder ein Rekurs eingereicht wird.

8.3.2 Prüfungsleistung im Sinne einer Seminar-, Bachelor- oder Masterarbeit

Kommt die Fallstudie als Prüfungsleistung im Sinne einer Seminar-, Bachelor- oder Masterarbeit zum Einsatz, gilt es die folgenden vier Phasen zu unterscheiden:

1. **Vorbereitung und Betreuung:** Wie bei jeder größeren schriftlichen Abschlussarbeit ist es wichtig, dass die Person, welche die Arbeit betreut (Dozent bzw. Dozentin) und die bearbeitende Person die gegenseitigen Erwartungen klären und festhalten. Dies erfolgt in der Regel in einem Proposal oder Konzeptpapier. Das freigegebene Proposal ist die zentrale Richtschnur, anhand derer die Fallstudie gemessen wird. Natürlich systematisch und differenziert anhand der im Vorfeld dargestellten Kriterien. Die Betreuung ist eine Gratwanderung: Dozierende sollen Studierende vor groben Fehlern bewahren, ihnen aber auch Raum für eigene Ideen und Entwicklungen geben.
2. **Bewertung im engeren Sinn:** Analog zur schriftlichen Prüfung ist die Fallstudie anhand von formalen und inhaltlichen Kriterien zu bewerten. Hierzu können die in den Abschnitten Formale Kriterien und Inhaltliche Kriterien vorgestellten Kriterien herangezogen werden. Die Kriterien sind zu gewichten und den Studierenden im Vorfeld bekanntzugeben. Trotz der Gewichtung der Kriterien soll die schlussendlich resultierende Gesamtwertung bzw. Note nicht als rein mathematische Berechnung verstanden werden. Auch wenn Punkte vergeben und anhand einer Notenskala in Noten überführt werden, basieren Bewertungen und Punktevergaben immer auf subjektiven Urteilen. Sogar bei sehr erfahrenen Dozierenden lässt sich das nicht vermeiden. Die qualitative Begründung der Bewertung gewinnt dadurch an Bedeutung. Es muss für die

Studierenden nachvollziehbar sein, warum sie eine bestimmte Note (Bewertung) erhalten.

3. **Feedback:** Der gut vorbereitete und intensive Feedback-Dialog zwischen Dozierenden bzw. Bewertenden und den Autorinnen bzw. Autoren der Fallstudie ist nicht nur ein Zeichen von Wertschätzung, sondern auch eine Chance für beide Gesprächspartner, etwas zu lernen. Die Studierenden verstehen aufgrund des differenzierten Feedbacks vom Vorgehen, zur formalen Gestaltung und zum Inhalt vertieft, ob sie die gewählten Methoden richtig angewandt, die Forschungsfragestellungen beantwortet und einen Beitrag zum Thema geleistet haben. Dozierende erhalten im Idealfall ein Feedback zu ihrer Betreuung und können an den Ergebnissen indirekt ablesen, ob sie den Studierenden eine gut zu bewältigende Aufgabe gestellt haben bzw. sie im Studium ausreichend auf die Prüfungsleistung vorbereitet haben. Selbstverständlich verantworten die Studierenden ihre Prüfungsleistung selbst. Dennoch können sich aufgeschlossene Dozierende fragen, was ihr Beitrag zu dieser Prüfungsleistung war.
4. **Überarbeitung und Finalisierung:** Wie bereits im Vorgehen zur Erarbeitung von Fallstudien in Schritt 9 dargelegt, werden die Fallstudien in der Regel den Praxispartnern zugestellt oder als Publikationen veröffentlicht. Wenn das differenzierte Feedback der Dozierenden von den Studierenden in der Überarbeitung und Finalisierung gut umgesetzt wird, steigt die Qualität der Fallstudie und die verschiedenen Beteiligten sowie Anspruchsgruppen haben einen größeren Nutzen davon. Insgesamt ist es wichtig, dass alle Zusagen gegenüber Praxispartnern (Vertraulichkeit, Vorstellung Ergebnisse, Zustellung Bericht, Review und Freigabe etc.) eingehalten werden. Diese Aspekte dürfen im Sinne der «Vorgehensqualität» in die Gesamtbewertung Eingang finden.

8.3.3 Prüfungsleistung mit Präsentation

Wenn die Erarbeitung einer Fallstudie als Prüfungsleistung mit einer Präsentation verknüpft wird, kommen die in Abschnitt Kriterien zur Präsentation und Diskussion beschriebenen Bewertungskriterien zur Anwendung. Diese sind den Studierenden im Vorfeld bekanntzugeben, damit sie sich daran orientieren und entsprechend vorbereiten können. In diesem Zusammenhang ist auch festzulegen, welches Gewicht die Präsentation und Diskussion im Hinblick auf die Gesamtbewertung erhält. Anhaltspunkte können der mit der Erarbeitung bzw. Vorbereitung verbundene Zeitaufwand sein. Erfahrungsgemäß sollte die Gewichtung der Präsentation (inkl. Diskussion) zwischen 10 % und 20 % liegen.

Neben den Kriterien sind der Anlauf der Präsentation und die Dauer der jeweilige Agendapunkte zu klären. Die Aufteilung des Zeitbudgets ist von der Zielsetzung der Präsentation abhängig. Wenn es primär darum geht, die Inhalte der Fallstudie vorzustellen und Verständnisfragen zu beantworten, kann die Aufteilung Präsentation 80 % und Fragen (Diskussion) 20 % betragen. Gilt es hingegen herauszufinden, wie gut die Studierenden in der Lage sind, ihre Schlussfolgerungen zu begründen und kritischen Fragen aus dem Publikum zu begegnen, müsste die Aufteilung 50 % Präsentation und 50 % Diskussion betragen.

Vor der eigentlichen Präsentation begrüßen die Dozierenden die Anwesenden, stellen die Referierenden vor, führen kurz in das Thema ein und erläutern die wichtigsten Spielregeln. Der Ablauf selbst und die Dauer der einzelnen Programmpunkte wird von den Studierenden vorgestellt. Nach der Präsentation stellen die betreuenden Dozierenden einige Fragen und öffnen den Kreis dann für alle Teilnehmenden. Bei sehr dynamischen Diskussionen übernehmen die Dozierenden die Moderation, damit sich die Studierenden auf die Inhalte konzentrieren können.

8.4 Lernerfolg durch Feedback verankern

Eine systematische und professionelle Bewertung sowie ein differenziertes Feedback drücken Wertschätzung gegenüber den Studierenden aus und sind ein wichtiger Bestandteil der pädagogisch-didaktischen Gesamtleistung. In einem ausführlichen Gespräch auf Augenhöhe können der Lernerfolg gesteigert und das Gelernte verankert werden.

9 Schlussfolgerungen

Fallstudien bereichern das Angebot an Forschungsdesign der Betriebswirtschaftslehre. Damit dieses Design aber sein Potenzial entfalten kann, sind einige wichtige übergeordnete Grundsätze zu beachten. Sie stellen die wissenschaftlich korrekte Anwendung der Fallstudie sicher (vgl. Boos 1993, Blum 1999: 288 ff., Mayring 2001, Mayring 2023: 23 ff.).

- *Forschungsprozess detailliert dokumentieren:* Die Offenheit und Flexibilität des Forschens mittels Fallstudien und Bezugsrahmen verlangt von Forschenden eine große Gewissenhaftigkeit bei der Dokumentation des methodischen Vorgehens. Die einzelnen Verfahrensschritte, die eingenommenen Perspektiven sowie die eingesetzten Methoden müssen für andere intersubjektiv nachvollziehbar sein.
- *Verschiedene Forschungsmethoden kombinieren (Triangulation):* Fallstudien dürfen sich nicht auf *eine* Form der Datenerhebung (inkl. der entsprechenden Verfahren zur Datenaufbereitung und -auswertung) beschränken, sondern sollten verschiedene Methoden kombinieren, da nur auf diese Weise die ganzheitliche Erfassung des Untersuchungsgegenstandes möglich ist. Durch die Betrachtung aus verschiedenen Perspektiven lassen sich die Erkenntnisse validieren und Alternativinterpretationen gewinnen.
- *Verfahrensgrundsätze der eingesetzten Methoden beachten:* Da im Rahmen einer Fallstudie qualitative und quantitative Verfahren der Primär- und der Sekundärforschung eingesetzt werden können, stellt dieses Forschungsdesign sehr hohe Anforderungen an die methodische Kompetenz der Forschenden. Sie müssen die verschiedenen Verfahren entsprechend ihren Verfahrensgrundsätzen anwenden und den Aussagengehalt der verschiedenen Ergebnisse in der Interpretation berücksichtigen.
- *Forschungsgegenstand und zentrale Fragestellung festlegen:* In einer frühen Phase des Forschungsprozesses ist zu definieren, was der Fall ist. Damit sind die Festlegung des Untersuchungsgegenstandes und die Formulierung der zentralen Forschungsfragestellung gemeint. Während sich die aus der Fragestellung abgeleiteten Zielsetzungen im Laufe des Forschungsprozesses ändern können, sollte die zugrunde liegende Forschungsfragestellung eine größere Konstanz aufweisen. Sie gibt die grundsätzliche Ausrichtung des Projektes vor. Die laufende Anpassung der Fragestellung würde die Gewährleistung eines

wissenschaftlich korrekten und nachvollziehbaren methodischen Vorgehens praktisch verunmöglichen.

- *Interpretationen begründen und kommunikativ absichern:* Fallstudien zielen nicht darauf ab, Hypothesen zu verifizieren oder zu falsifizieren, sondern sind auf deren inhaltliche Anreicherung und Präzisierung ausgerichtet. Forschende sollten daher die gewonnenen Daten vorsichtig interpretieren und argumentativ absichern. Die in Fallstudien angestrebte Nähe zum Forschungsgegenstand, welche sich im Aufbau einer Vertrauensbeziehung manifestiert, erlaubt die Validierung der Interpretationen durch den Praxispartner.

Es versteht sich, dass bei der Anwendung quantitativer Verfahren in der Datenerhebung und -auswertung auch klassische Kriterien wie die Objektivität, die Reliabilität und die Validität zu beachten sind (vgl. Diekmann 2020: 247 ff.).

Wird die Fallstudie in der Schulung eingesetzt, sollte sie zudem exemplarisch, bedeutsam, fasslich, anschaulich und handlungsorientiert sein (vgl. Weitz 2000a: 7 ff.). Mit *Exemplarität* ist gemeint, dass der Fall einen praxisrelevanten Ausschnitt der Wirklichkeit darstellt, der für das behandelte Wissensgebiet repräsentativ ist. Der Fall muss für die Lernenden eine persönliche *Situationsbedeutsamkeit* haben, d. h. deren Lernzielen und Lernbedürfnissen entsprechen sowie deren Lernvoraussetzungen angemessen berücksichtigen *(Fasslichkeit)* (vgl. Reetz/Beiler/Hellenbrand et al. 1993: 20). *Anschaulich* sind Fallstudien vor allem dann, wenn sie möglichst umfassend und ganzheitlich angelegt sind, Visualisierungen beinhalten, ergänzende Informationen umfassen und das Handeln der Akteure im Fall nachvollziehbar beschreiben (vgl. Weitz 1995: 136 ff., Weitz 2000b: 7 ff.). Fallstudien dürfen sich nicht in der Dokumentation von Fakten erschöpfen. Eine zentrale Stärke der Fallstudie besteht darin, dass sie die Kluft zwischen Theorie und Praxis sowie zwischen Denken und Handeln überbrückt. Sie tut dies, indem sie die Lernenden einlädt, einzeln oder in Gruppen aktiv ein Problem zu untersuchen, Informationen zu sammeln, diese zu analysieren und zu bewerten, Lösungsvarianten zu entwickeln und Entscheidungen zu fällen. Eine hohe *Handlungsorientierung* ergibt sich durch den didaktischen Aufbau von Fallstudien und die gezielte Anwendung in der Lehre.

Bei der Fallstudie handelt es sich um ein ganzheitliches, ergiebiges und gleichzeitig sehr anspruchsvolles Forschungsdesign, das aus dem Methoden-Mix der Betriebswirtschafts- und Managementlehre nicht mehr wegzudenken ist. Wenn sich Forschende bei der Erarbeitung von Fallstudien an den gleichen methodischen Grundsätzen orientieren und ähnliche Vorgehensheuristiken verwenden, lassen sich Fallstudien besser vergleichen und miteinander verknüpfen. Dieser Schritt in Richtung einer verstärkt kumulativen Ausrichtung der betriebswirtschaftlichen Forschung scheint sowohl aus erkenntnistheoretischer als auch aus forschungsökonomischer Sicht sinnvoll.

Anhang

Anhang 1: Die Bäckermeister-Gruppe

1 Einleitung

Die Fallstudie basiert auf den Eckdaten von zwei real existierenden, schweizerischen Unternehmen, die Konsumgüter herstellen. Aus Anonymitätsgründen wurden die tatsächlichen Situationsbeschreibungen verfremdet, um zusätzliche Annahmen ergänzt und die beiden realen Unternehmen zu einer fiktiven Firma verschmolzen. Die im Falltext beschriebenen Rollenträger wurden zudem stark vereinfacht bzw. polarisierend dargestellt. Alle beschriebenen Aspekte geben aber tatsächlich bestehende Problemsituationen wieder, wie sie auch in anderen Unternehmen/Institutionen auftreten können. Die Fallstudie wurde bereits in der Management-Weiterbildung eingesetzt und dank des in diesem Rahmen erhaltenen Feedbacks weiterentwickelt.

2 Grundlagen der Fallstudie

2.1 Kurzbeschreibung

Die Bäckermeister-Gruppe ist ein international tätiges Unternehmen, das sich auf die Produktion und den Verkauf hochwertiger Backwaren spezialisiert hat. Lange Zeit wurde das Unternehmen sehr autoritär von Mitgliedern der Gründerfamilie geführt. Mit dem Tod von Peter König, der die Geschäfte der Bäckermeister-Gruppe über 40 Jahren gesteuert hat, ändert sich die Ausgangslage. Im Zuge der Übernahme der Gruppenleitung durch Dieter König, den 35-jährigen Enkel des «Übervaters» Peter König, hält ein frischer Wind Einzug in die Unternehmensleitung. Es wird Dieter König rasch bewusst, dass sich im Personalmanagement der Gruppe über die Jahre hinweg ein Problemstau aufgebaut hat. Er ist fest entschlossen, die anstehenden Herausforderungen mit Engagement in Angriff zu nehmen. Aufgrund des gesundheitsbedingten frühzeitigen Ausscheidens des langjährigen Personalleiters der schweizerischen Tochtergesellschaft, Max Boser, hat er die Chance, diese Aufgaben gemeinsam mit einer neuen Personalleitung anzupacken. In der Person der engagierten, aber trotzdem besonnenen Maja Müller scheint er eine ideale Wahl getroffen zu haben.

2.2 Angesprochene Fachbereiche

Für das Verständnis der in dieser Fallstudie beschriebenen Problemstellungen sind Kenntnisse in den folgenden personalwirtschaftlichen Themenbereichen erforderlich.

Tabelle 1: Angesprochene Fachbereiche der Fallstudie Bäckermeister-Gruppe

Personalmanagement	• Personalmarketing und -beschaffung • Personalfreistellung • Personalentwicklung • Einführung neuer Mitarbeiter/Mitarbeiterinnen • Ressourcensteuerung im Personalbereich • Personalcontrolling • Entlohnungssystem • Sozialberatung • Arbeitszeitmanagement

2.3 Lernziele

Die angestrebten Lernziele sind:

- Vermittlung der Fähigkeit zur Identifikation personalwirtschaftlicher Problembereiche in einem – über lange Zeit – patriarchalisch geführten Unternehmen der Konsumgüterindustrie.
- Die Bearbeitenden des Falles sollen lernen, einen bestehenden Rekrutierungs- und Selektionsprozess kritisch zu hinterfragen und so neu zu konzipieren, dass er eine optimale Stellenbesetzung ermöglicht.
- Förderung der Fähigkeit zur Beurteilung von Instrumenten der Personalauswahl anhand von nachvollziehbaren und relevanten Kriterien.
- Der Fall erlaubt die Entwicklung eines unternehmensspezifischen Entlohnungssystems, dass auch eine leistungsorientierte Komponente enthalten soll. Die Fallbearbeitenden können daran ihre Fähigkeit zur Konzeption eines implementierbaren Entlohnungssystems unter Beweis stellen und belegen, dass sie in der Lage sind, Verbindungen zu anderen Managementinstrumenten (z. B. Management-by-Objectives) aufzuzeigen.
- Begründung der Notwendigkeit einer systematischen Personalentwicklung gegenüber kritischen Anspruchsgruppen.
- Aufzeigen von Karrieremodellen im konkreten Fallbezug.
- Erarbeitung von Lösungsansätzen für die Versorgung eines Unternehmens mit qualifizierten Nachwuchskräften.
- Ermittlung von Kennzahlen des Personalcontrollings in den Bereichen: Personalgewinnung und Personalentwicklung.
- Konzeption von flexiblen Arbeitszeitsystemen, welche eine Anpassung des Arbeitsanfalles an die Arbeitsleistung erlauben und sicherstellen, dass wertvolles Erfahrungswissen nicht verloren geht.
- Vermittlung von Hinweisen zum Umgang mit Problemen im Sozialbereich bis hin zur menschen- und unternehmensgerechten Personalfreistellung.
- Schulung der Kompetenz zur kritischen Reflexion der eigenen Lösung im Gesamtkontext.

Tabelle 2: Kognitive Lernzieltaxonomie der Fallstudie Bäckermeister-Gruppe

	Lernzielkategorie					
Frage	Wissen	Verstehen	Anwendung	Analyse	Synthese	Bewertung
1						
2						
3						
4						
5						
6						

2.4 Zeitbedarf und Punktzahl für die Bewertung

Der Gesamtzeitbedarf richtet sich nach der Menge der zu beantwortenden Fragen. Die den einzelnen Fragen zugewiesene maximal erreichbare Anzahl Punkte orientiert sich an der für die Beantwortung vorgesehenen Zeit in Minuten.

Tabelle 3: Zeitbedarf und Punktzahl der Fallstudie Bäckermeister-Gruppe

Tätigkeit	Zeitbudget	Maximale Punktzahl
Lektüre von Falltext und Fragen	60 Minuten	——
Beantwortung von Frage 1	40 Minuten	20 Punkte
Beantwortung von Frage 2	30 Minuten	15 Punkte
Beantwortung von Frage 3	40 Minuten	20 Punkte
Beantwortung von Frage 4	40 Minuten	20 Punkte
Beantwortung von Frage 5	30 Minuten	15 Punkte
Beantwortung von Frage 6	20 Minuten	10 Punkte
Reservezeit	40 Minuten	——
Total	300 Minuten	100 Punkte

3 Falltext

3.1 Firmenporträt

3.1.1 Kurzprofil

Die Bäckermeister-Gruppe ist ein international tätiges Unternehmen mit Hauptsitz in Schaffhausen, das sich mit der Produktion und dem Verkauf hochwertiger Backwaren einen Namen gemacht hat. Derzeit beschäftigt die Gruppe rund 5 000 Mitarbeitende weltweit. Die Bäckermeister-Gruppe ist als Management-Holding aufgebaut und führt Tochtergesellschaften in Frankreich, Italien, Österreich, Deutschland, Belgien, den USA und Kanada. Das Unternehmen ist an der Börse kotiert und hat trotz intensiver Konkurrenz aus dem In- und Ausland ihre Marktposition im Segment für Apéro- und Teegebäck gehalten, im Bereich Torten und Kuchen sogar ausgebaut. Mit dem Slogan «Qualität ist unser Rezept» gelingt es der Bäckermeister AG kaufkräftige Kunden anzusprechen, die bereit sind, für Top-Qualität einen überdurchschnittlich hohen Preis zu bezahlen.

3.1.2 Die Bäckermeister-Gruppe in Zahlen

Die konsolidierten Umsätze der Bäckermeister-Gruppe sind in den Jahren 2015 bis 2019 von 800 Mio. CHF auf 1.1 Mrd. CHF gestiegen. 2020 ist ein leichter Rückgang auf 1 Mrd. CHF zu verzeichnen. Aufgrund einer unbefriedigenden Kostensituation, die Aufwendungen sind in den letzten Jahren deutlich stärker gestiegen als die Umsätze, sieht sich die Bäckermeister-Gruppe derzeit einer ungünstigen Gewinnsituation gegenüber. Die Situation ist zwar noch nicht dramatisch, dennoch macht sich bei einigen Großaktionären, insbesondere einem ehemaligen Unternehmensberater, Unmut breit. Hinzu kommt, dass die Zahl der Mitarbeitenden in den letzten Jahren ebenfalls überproportional gestiegen ist und sehr hohe Personalkosten anfallen. Der Umsatz pro Mitarbeitenden (FTE) ist seit 2015 von CHF 230 000 auf CHF 200 000 im Jahre 2020 gesunken.

Der Börsenkurs lag Ende 1998 bei CHF 1435, stieg Ende 2019 auf CHF 2 005 an und lag Mitte 2021 bei einem Wert vom CHF 1 600. Aufgrund der unbefriedigenden Gewinnsituation ist für das Jahr 2021 ein geringer Verlust budgetiert und es dürfte in diesem Jahr auch keine Dividende ausgeschüttet werden. Da die

Familie König immer noch ein großes Aktienpaket hält und unter dieser Situation selbst leidet, hat der Verwaltungsrat dem Budget von Dieter König zähneknirschend zugestimmt. Er erwartet aber, dass sich die Ertragslage der Bäckermeister AG rasch wieder bessert, und setzt den neuen CEO, Dieter König, bereits von Beginn seiner Funktionsübernahme an unter Druck. Der kritische Großaktionär und Verwaltungsrat, Arnold Münger, ein ehemaliger, erfolgreicher Unternehmensberater, erklärt sich bereit, dem jungen, teilweise noch unerfahrenen Unternehmensleiter im Bedarfsfall als Gesprächspartner zur Verfügung zu stehen.

3.1.3 Geschichte der Bäckermeister-Gruppe

Die Bäckermeister AG wurde 1822 von den beiden Brüdern Horst und Klaus König als Familienunternehmen gegründet. Die Gründerfamilie führte das Unternehmen mehrere Generationen lang mit einem sehr patriarchalischen Führungsstil. Nach dem Tod von Peter König, der die Bäckermeister AG mehr als 40 Jahre mit eiserner Hand geführt hatte, übernahm dessen 35-jähriger Enkel Dieter König die Leitung des Unternehmens. Dieter König leitet neben dem Gesamtunternehmen auch die schweizerische Tochtergesellschaft, aus der die Bäckermeister-Gruppe entstanden ist. Nach dem 2. Weltkrieg und im Zuge des Wirtschaftsaufschwunges der 1950er- und 1960er-Jahre baute die Bäckermeister AG ihre Position durch Übernahmen und Akquisitionen im In- und Ausland kontinuierlich aus. In den späten 1980er-Jahren entschloss sich die Bäckermeister AG zur Gründung einer Tochtergesellschaft in den USA und trat dort mit dem Markennamen «Bakery of Kings» auf. Peter König engagierte sich sehr stark für den Aufbau des amerikanischen Marktes und war häufig selbst in den Verkaufsgeschäften anzutreffen, um den Marktauftritt des Unternehmens zu überprüfen und seine rigorosen Qualitätsansprüche durchzusetzen. Aus dieser Zeit stammt auch die Geschichte, dass der Firmenleiter allein durch den optischen Eindruck einer Torte in der Auslage deren exaktes Alter bestimmen konnte und einen Geschäftsstellenleiter aufgrund zweier Torten, die nicht mehr hätten verkauft werden dürfen, fristlos entlassen hat. Aufgrund seines sehr autoritären Führungsstils wird Peter König mehr gefürchtet als bewundert. Ihm ist es aber zu verdanken, dass die Bäckermeister AG den Sprung von einem rein schweizerischen Unternehmen zu einem internationalen Konzern geschafft hat.

3.1.4 Ausgangslage nach dem Führungswechsel

Mit dem Wechsel an der Spitze hat auch ein neuer Umgangston im Unternehmen Einzug gehalten. Dieter König bemüht sich um einen kooperativen Führungsstil. Leider gelingt es ihm mehrheitlich nicht, seine Führungskräfte ebenfalls zu einem Umdenken zu bewegen. Auf das Thema Führung angesprochen, geben ihm alle Kollegen in der Unternehmensleitung recht, dass sich die Zeiten geändert hätten, und dass man heute anders führen müsse. Nach dem Gespräch verfallen aber die meisten wieder in ihre alten Verhaltensweisen. Dieter König erkennt dieses Problem und entschließt sich, nach einem Gespräch mit Arnold Münger zur Erarbeitung eines Unternehmensleitbildes. Er verfasst dieses Leitbild während eines Wochenendes in seinem Wochenendhaus am Bodensee und präsentiert es voller Stolz in der nächsten Konzernleitungssitzung. Dort wird das Leitbild ohne große Diskussion verabschiedet und anschließend an alle Mitarbeitenden (und Führungskräfte) verteilt.

Nach einem Jahr im Amt ist Dieter König vor allem damit beschäftigt, die Struktur des Unternehmens den geänderten Rahmenbedingungen anzupassen, neue Reporting- und Controlling-Instrumente einzuführen, die Information der Investoren zu verbessern und den Einkauf zu reorganisieren. Als Ingenieur mit einer betriebswirtschaftlichen Zusatzausbildung (MBA) ist der neue CEO mit der technischen und wirtschaftlichen Situation des Unternehmens bestens vertraut. Er weiß, dass sich unter der Ägide seines Großvaters ein Reformstau gebildet hat und packt anstehende Probleme voller Engagement an. Aufgrund seiner Ausbildung konzentriert sich Dieter König vor allem auf technische Aspekte wie den Produktionsprozess oder das Einkaufsmanagement sowie finanzielle Aspekte wie das Rechnungswesen und das Finanzmanagement. Mit Fragen des Personalmanagements hat er sich aufgrund dieser Prioritätensetzung noch nicht allzu stark beschäftigt. Marketingaufgaben, die in der Bäckermeister-Gruppe einen sehr hohen Stellenwert haben, werden von einem eingespielten Team wahrgenommen. Das Team steht unter der Leitung von Frederico Di Paolo und leistet hervorragende Arbeit. Frederico Di Paolo war früher bei der italienischen Tochtergesellschaft als Marketingleiter beschäftigt und konnte dank einer persönlichen Beziehung zwischen dem Leiter der Tochtergesellschaft und Dieter König als Marketingleiter auf der Gruppenebene gewonnen werden. Solche «internationalen Transfers» sind eher selten.

Das Leitbild der Bäckermeister-Gruppe unterstützt unsere erfolgreiche Entwicklung und widerspiegelt den Grundsatz «Qualität ist unser Rezept».

Vision

Wir sind das international führende Unternehmen für qualitativ hochwertige Backwaren.
Die Bäckermeister-Gruppe steht für bedingungslose Qualität, Wirtschaftlichkeit und Innovation. Diese Werte erfordern ein hohes Engagement der Mitarbeitenden, Kunden, Aktionäre und Lieferanten.

Mitarbeitende

Nur mit qualifizierten und motivierten Mitarbeitenden kann sich die Bäckermeister-Gruppe langfristig erfolgreich entwickeln. Daher stehen die Mitarbeitenden im Mittelpunkt des Interesses. Die Förderung der Mitarbeitenden ist uns ein großes Anliegen. Durch gute Arbeitsbedingungen und interessante Aufgaben erreichen wir eine hohe Identifikation der Mitarbeitenden. Überdurchschnittliche Leistung belohnen wir überdurchschnittlich.

Kunden

Die Partnerschaft mit unseren Kunden basiert auf gegenseitigem Vertrauen und ist langfristig angelegt. Wir pflegen einen intensiven Kontakt zu unseren Konsumenten und sind über deren Wünsche und Bedürfnisse bestens im Bild.

Lieferanten

Mit unseren Lieferanten pflegen wir eine offene und partnerschaftliche Beziehung, die darauf ausgerichtet ist, Mehrwert für die Bäckermeister-Gruppe *und* deren Lieferanten zu erzielen.

Ertrag

Unter Beachtung unserer gesellschaftlichen Verantwortung (Sozialwesen und Umwelt) erwirtschaften wir bestmögliche Erträge, die wir im Interesse einer nachhaltigen Unternehmensentwicklung zum Nutzen des Unternehmens, der Mitarbeitenden und der Anteilseigner einsetzen.

Innovation

Gemeinsam mit unseren Kunden und Lieferanten suchen wir nach Backinnovationen, die wir konsequent in marktfähige Produkte umsetzen. Alle Mitarbeitenden tragen zum Innovationsprozess bei.

Organisation

Die Struktur der Bäckermeister-Gruppe fördert das Unternehmertum. Kompetenzen und Verantwortungen werden konsequent dezentralisiert.

Abbildung 19: Das Leitbild der Bäckermeister-Gruppe

3.1.5 Das Personalmanagement auf Gruppenebene

Das Personalmanagement ist nicht in der Gruppenleitung der Bäckermeister-Gruppe vertreten. Dieter König bezeichnet sich selbst als obersten Personalleiter des Konzerns. Die operativen Personalaufgaben werden von den Personalverantwortlichen in den Tochtergesellschaften wahrgenommen. Dies gilt auch für die Bäckermeister Schweiz AG, welche mit 2600 Mitarbeitenden über die Hälfte der Belegschaft ausmacht. Die Personalaufgaben für die Konzernleitung und die Stäbe der Management-Holding werden vom Personaldienst der schweizerischen Tochtergesellschaft im Rahmen eines Dienstleistungsvertrages wahrgenommen. Zwischen den Personaldiensten der verschiedenen Tochtergesellschaften besteht praktisch kein Kontakt. Einzig der deutsche und der österreichische Personalverantwortliche treffen sich regelmäßig zu einem Erfahrungsaustausch. Es sind auch diese beiden Personen, die mehrfach darauf hingewiesen haben, dass sie in Fragen des Personalmanagements mehr Fachführung aus der Gruppenleitung erwarten. Die Art und Weise, wie das Unternehmensleitbild erarbeitet und kommuniziert wurde, ist bei beiden auf Befremden gestoßen. Sie unterstützen dieses Grundsatzdokument nur halbherzig, da es ihrer Meinung nach für ihre tägliche operative Personalarbeit nichts bringt und weder von den Mitarbeitenden noch von den Führungskräften verstanden bzw. akzeptiert wird.

3.1.6 Das Personalmanagement in der Schweiz

Max Boser ist der Personalleiter der schweizerischen Gesellschaft. Mit über 30 Dienstjahren kennt er die Bäckermeister Schweiz AG von Grund auf und identifiziert sich sehr stark mit dem Unternehmen. Peter König war für ihn immer ein Vorbild und wahrer Pionier des Unternehmertums. Max Boser hat eine sehr effiziente Personaladministration eingeführt und kann sich damit brüsten, dass während seiner Zeit als verantwortlicher Personalleiter die Lohnabrechnungen immer pünktlich verschickt wurden und praktisch keine Fehler aufgetreten sind. Zudem hat er ein gut funktionierendes System für Personen in Ausbildung (Lernende) aufgebaut. Aufgrund seiner hohen Identifikation mit der Bäckermeister Schweiz AG ist Max Boser immer davon ausgegangen, dass die Mitarbeitenden zufrieden sein dürften, für dieses Unternehmen zu arbeiten, und dass Bewerber und Bewerberinnen dankbar dafür sein müssten, überhaupt angehört zu werden. Aufgrund des hervorragenden Rufs der Bäckermeister-Gruppe und des Angebotsüberhangs am Arbeitsmarkt ist es dem Unternehmen lange Zeit gelungen, die offenen Stellen rasch zu besetzen. Seit einiger Zeit hat sich das Blatt gewendet. Nicht selten kommt es vor, dass sich auf Inserate nur wenige und nicht ausreichend qualifizierte Personen melden. Max Boser ist ratlos. Er kann nicht verstehen, dass sich Bewerbende nicht mehr darum reißen, für «seine Bäckermeister» zu arbeiten. Ebenfalls zu schaffen macht ihm die markant steigende Fluktuation. Viele frisch eingestellte Mitarbeitende verlassen das Unternehmen noch während der Probezeit und auch bei Fachangestellten, die bereits seit einigen Jahren im Unternehmen tätig sind, ist eine beunruhigend hohe Fluktuation zu beobachten.

Diese Probleme verstärken sich noch dadurch, dass einige seiner Mitarbeitenden, die vor Kurzem ihre Ausbildung zur Personalfachperson abgeschlossen haben, immer wieder mit neuen, völlig weltfremden Ideen kommen, die sich in der Bäckermeister Schweiz AG nie umsetzen lassen. Die Situation spitzt sich derart zu, dass Max Boser gesundheitliche Probleme bekommt und darum bittet, mit 62 Jahren in den vorzeitigen Ruhestand versetzt zu werden.

Der Unternehmensleiter Dieter König muss diesem Wunsch stattgeben, obwohl er ihn vor ein großes Personalproblem stellt. Der Personalleiter hat es nämlich unterlassen, einen Nachfolger bzw. eine Nachfolgerin aufzubauen und hat auch keinen Stellvertreter benannt. Mangels Alternativen beauftragt der CEO einen Headhunter mit der Rekrutierung einer neuen Personalleitung für die schweizerische Tochtergesellschaft. Im Gespräch mit dem Headhunter stellt sich heraus, dass die Bäckermeister Schweiz AG seit einiger Zeit mehrere Kaderpositionen durch externe Kandidaten mittels Executive Search besetzt hat. Dieter König war diese Tatsache nicht bewusst. Sie erklärt zum Teil die hohen Personalkosten. Nach der Ausschreibung der offenen Stelle in mehreren nationalen Zeitungen präsentiert der Headhunter Dieter König eine Short-List von Kandidaten. Da die vorgestellten Kandidaten seinen Vorstellungen nicht entsprechen, entzieht Dieter König dem Headhunter das Mandat und macht sich selbst auf die Suche. Er wird bei einem großen Transportunternehmen fündig, das aufgrund einer katastrophalen Finanzsituation einen Großteil ihrer Mitarbeitenden freistellen muss. Auch die Personalleiterin des Transportunternehmens sucht eine neue Herausforderung und ist zu einem Gespräch bereit, als sie von Dieter König direkt auf die offene Stelle angesprochen wird. Im Gespräch finden die beiden heraus, dass sie ähnliche Vorstellungen über die Führung eines Unternehmens haben und sich persönlich gut verstehen. Sie sind beide begeisterte Tennisspieler. Es ist daher nicht erstaunlich, dass sich Maja Müller nach einer kurzen Bedenkzeit entschließt, die Stelle als Personalleiterin der Bäckermeister Schweiz AG anzunehmen. Dieter König stellt ihr zudem in Aussicht, dass sie, falls sie sich bewährt, mittelfristig in die Position einer Konzernpersonalchefin aufsteigen kann. Er will diese Funktion schrittweise einführen und Maja Müller bald mit der Durchführung einiger Projekte auf der Gruppen-Ebene beauftragen. Die neue Personalchefin ist motiviert und tritt nach einem kurzen Urlaub auf den Malediven voller Engagement die neue Stelle an. Da Max Boser gesundheitlich sehr angeschlagen ist und sich gleichzeitig nur schwer von «seinem» Unternehmen trennen kann, gestaltet sich die Geschäftsübergabe sehr schwierig. Maja Müller behandelt den scheidenden Personalleiter mit großem Respekt und nimmt seine Hinweise gerne auf. Am Ende der einwöchigen Einarbeitungszeit muss sie aber feststellen, dass die Personaldossiers zwar perfekt geführt sind, moderne personalwirtschaftliche Instrumente in der Bäckermeister Schweiz AG (und der ganzen Gruppe) aber praktisch gänzlich fehlen.

Nachdem sie sich mit allen Mitarbeitenden des Personaldienstes unterhalten und sich einen ersten Eindruck der Ausgangslage in der Bäckermeister Schweiz AG verschafft hat, entschließt sich Maja Müller zur Durchführung einer systematischen Problemanalyse. Sie zieht sich mit den Mitarbeitenden des HR-Teams zu einem mehrtägigen Workshop zurück, um deren Sicht der Dinge zu erfahren und mögliche Lösungsansätze zu identifizieren. Anschließend führt sie mit dem Management und mehreren Mitarbeitenden im Unternehmen ausführliche Gespräche. Schließlich beauftragt sie ein spezialisiertes Beratungsunternehmen mit der Durchführung einer Mitarbeitendenbefragung. Das Projektteam für diese Befragung ist sehr heterogen zusammengesetzt und umfasst Vertreter aller Hierarchiestufen. Es wird von ihr selbst geleitet. Die Tatsache, dass Mitarbeitende an der Durchführung eines Projektes im Personalbereich beteiligt werden, ist neu und stößt auf große Zustimmung. Auf der Basis der gewonnenen Informationen will Maja Müller nach ihren ersten 100 Tagen im Amt einen Aktions- bzw. Projektplan vorlegen, der die Entwicklungsrichtung des Personalmanagements in der Bäckermeister Schweiz AG aufzeigt.

3.2 Ist-Analyse

3.2.1 Personalgewinnung und Personalmarketing

Anhand der verschiedenen Informationsquellen und Analysen stellt Maja Müller fest, dass die Bäckermeister Schweiz AG über kein systematisches Personalmarketing verfügt. Die Stellenanzeigen werden zwar hinsichtlich ihres Layouts einheitlich gestaltet, sind aber inhaltlich sehr unterschiedlich aufgebaut und teilweise sehr unpräzise formuliert. Linienvorgesetzte beklagen sich darüber, dass die Kandidaten, welche ihnen vom Personaldienst vorgestellt werden, häufig nicht ihren Vorstellungen entsprechen und daher nicht selten erneut gesucht werden muss. Die Personalverantwortlichen weisen darauf hin, dass sie bei der Rekrutierung immer unter Zeitdruck stehen, d. h., die neuen Mitarbeitenden sollten bereits innerhalb weniger Tage zur Verfügung stehen. Als Rekrutierungskanäle kommen neben Stellenanzeigen die Anwerbung durch Mitarbeitende und Personalvermittler zum Einsatz. Dabei ist anzumerken, dass die Bäckermeister Schweiz AG mit mehreren Personalvermittlern zusammenarbeitet. Diese werden teils vom Personaldienst, teils von den Linienvorgesetzten direkt mit der Suche beauftragt. Im zweiten Fall erfährt der Personaldienst häufig erst kurz vor dem Eintritt vom Rekrutierungsvorhaben.

Die Selektion der Kandidaten basiert auf klassischen Instrumenten. Max Boser, der scheidende Personalleiter, hat großen Wert auf vollständige Bewerbungsunterlagen gelegt. Er hat alle Schulzeugnisse und Arbeitszeugnisse verlangt. Als «alter Hase» sind ihm Kryptoformulierungen in Arbeitszeugnissen bestens bekannt und er verwendet diese Geheimcodes auch bei der Erstellung von Arbeitszeugnissen der Bäckermeister Schweiz AG. Während seiner Tätigkeit als Personalverantwortlicher hat sich Max Boser auch Kenntnisse in der Grafologie angeeignet: Er hat die handschriftlichen Bewerbungsschreiben der Kandidatinnen und Kandidaten analysiert und für die Linienvorgesetzten ein grafologisches Kurzgutachten erstellt, das sehr geschätzt wird.

In den Vorstellungsgesprächen sind sowohl Vertreter des Personaldienstes als auch des Linienmanagements anwesend. In einer lockeren Gesprächsrunde versucht man, den Bewerbern die Erwartungen des Unternehmens zu vermitteln und die Angaben in den Bewerbungsunterlagen zu überprüfen. Bei dieser Gelegenheit werden auch Fragen des Bewerbers bzw. der Bewerberin beantwortet. Häufig findet ein zweites Gespräch statt, um Fragen, die nach dem ersten Vorstellungsgespräch offengeblieben sind, zu beantworten. Nach Abschluss der Gespräche treffen die Beteiligten (Personalverantwortliche und Linienvorgesetzte) rasch eine Entscheidung und informieren den Bewerber bzw. die Bewerberin. Im Falle einer Zusage wird den neuen Mitarbeitenden der Vertrag zugesandt und das Datum sowie der Ort des ersten Arbeitstages mitgeteilt. Die Information der Bewerbenden während des Rekrutierungsprozesses ist vorbildlich. Dies gilt allerdings nur für diejenigen Rekrutierungsvorhaben, bei denen der Personaldienst beteiligt ist. Der Eingang der Bewerbungen wird rasch bestätigt und die Bewerbenden, welche die Vorselektion nicht überstehen, erhalten ihre Unterlagen umgehend zurückgesandt. Nach der Entscheidung über die Einstellung werden die Kandidaten und Kandidatinnen der Endrunde rasch informiert. Alle Personen der Endrunde – auch die nicht «Erfolgreichen»– erhalten eine Festtagstorte aus dem Sortiment der Bäckermeister AG als Geschenk per Post zugesandt.

Am ersten Arbeitstag kümmert sich der Personaldienst um die neuen Mitarbeitenden. Er stellt einen Personalausweis aus, ergänzt die Unterlagen im Personaldossier, zeigt den Mitarbeitenden das Personalrestaurant und informiert sie über die Altersvorsorge sowie die gesetzlichen und freiwilligen Sozialleistungen der Bäckermeister Schweiz AG. Anschließend wird die neue Person den Kolleginnen und Kollegen vorgestellt und der Arbeitsplatz zugewiesen. In der Regel überlassen die Vorgesetzten ihren neuen Mitarbeitenden einige Unterlagen zum Selbststudium und weisen ihnen nach ein bis zwei Wochen eine konkrete Aufgabe zu.

3.2.2 Personalerhaltung

Die Ergebnisse der von Maja Müller gemeinsam mit einer externen Beratungsfirma durchgeführten Mitarbeiterbefragung zeigen, dass die Mitarbeitenden der Bäckermeister Schweiz AG eine klar unter dem Branchenschnitt liegende Arbeitszufriedenheit aufweisen. Die Arbeitszufriedenheiten differieren einerseits zwischen den verschiedenen Organisationseinheiten und andererseits zwischen den Dienstalterkategorien. Mitarbeitende, die seit Langem im Unternehmen sind, sind deutlich zufriedener als solche, die erst seit Kurzem dabei sind. Diese Aussage gilt nur begrenzt für die Gruppe der Kaderkräfte. Die Auswertungen weisen zudem darauf hin, dass die Mitarbeitenden zwar die Arbeit als solche sehr schätzen und ihren Arbeitsinhalt als interessant und vielseitig betrachten, dass ihnen aber Entwicklungsmöglichkeiten fehlen und dass sie mit der Entlohnung nicht zufrieden sind. Dabei bemängeln die Mitarbeitenden weniger die absolute Lohnhöhe, sondern vielmehr die Gerechtigkeit des Lohnsystems, dessen Leistungsorientierung und Transparenz. Durch diese Daten sensibilisiert, führt Maja Müller mehrere Gespräche mit Linienvorgesetzten und stellt fest, dass im Unternehmen ganz unterschiedliche Lohn- und Anreizsysteme angewandt werden. Innerhalb der Budgetkompetenz der jeweiligen Unternehmensbereichsleitungen war es bisher üblich, dass diese die Löhne und Boni in ihrem Bereich relativ frei festlegen konnten. Das führte unter anderem dazu, dass die Mitarbeitenden im Verkauf wesentlich attraktiver entlohnt werden als die Mitarbeitenden in der Produktion und in der Verwaltung. Bilaterale Absprachen haben zudem dazu geführt, dass ganz unterschiedliche Lohnnebenleistungen und Fringe Benefits gewährt werden. Auch die Spesenregelungen sind nicht einheitlich. Während die Vorgesetzten im Verkauf Business Class fliegen, bewilligt der sparsame Produktionsleiter seiner Abteilungsleitung und qualifizierten Fachkräften nur Economy-Class Tickets.

Die Schwierigkeiten in der Rekrutierung von Führungskräften und die Lage auf dem Arbeitsmarkt haben dazu geführt, dass einigen neuen Mitgliedern des mittleren und höheren Kaders deutlich höhere Löhne bezahlt werden als langjährigen Kaderkräften. Durch eine Indiskretion in der Personalabteilung wurde dieser Sachverhalt bekannt und führte zu einer großen Unruhe im Management. Es gelingt Dieter König und Maja Müller mit großem persönlichem Engagement die Gemüter zu beruhigen, indem sie auf die Lage auf dem Arbeitsmarkt und die Schwierigkeiten in der Rekrutierung hinweisen. Es entsteht aber ein klarer Erwartungsdruck, dass diesbezügliche Fehler der Vergangenheit künftig nicht mehr vorkommen und rasch eine Lösung des Rekrutierungsproblems erarbeitet wird.

3.2.3 Personalentwicklung

Abgesehen von einer gut funktionierenden Berufsbildung verfügt die Bäckermeister Schweiz AG über keine systematische Personalentwicklung. Ausgelöst durch Initiativen von Führungskräften werden da und dort Seminare durchgeführt. Mitarbeitende, die sich hartnäckig dafür einsetzen, können Ausbildungsvereinbarungen abschließen. Aufgrund einer uneinheitlichen Handhabung reicht die Bandbreite der Unterstützungsleistungen von geringfügigen Beiträgen an den Weiterbildungskosten bis hin zur vollständigen Übernahme aller Kosten bei vollem Lohnausgleich. Seit einiger Zeit kursieren auch Formulare zur Zielvereinbarung und Leistungsbeurteilung im Unternehmen, diese werden aber weder konsequent angewandt, noch unterstützt der Personaldienst die Vorgesetzten bei deren Anwendung. Beförderungsentscheidungen treffen die direkten Vorgesetzten gemeinsam mit den nächsthöheren Vorgesetzten. Die Kriterien, die über eine Beförderung entscheiden, sind nicht transparent. Seniorität spielt eine nicht zu unterschätzende Rolle. Der Personaldienst wird zwar konsultiert, hat aber kein Vetorecht, sondern maximal eine beratende Funktion. Aufgrund einer unzureichenden Datenbasis können die Personalverantwortlichen keine Alternativvorschläge machen. Sie selbst wissen nicht, wo im Unternehmen geeignete Personen zu finden sind. Ihnen ist sehr wohl bewusst, dass sie für das Linienmanagement keinen Zusatznutzen erbringen, und sie wehren sich daher nicht, wenn die vorgesehene Konsultation in vielen Fällen erst nachträglich erfolgt oder ganz ausbleibt. Vor dem Hintergrund des über lange Zeit vorherrschenden patriarchalischen Führungsstils ist es nicht erstaunlich, dass Fach- und Projektlaufbahnen praktisch gänzlich unbekannt sind. Der Status einer Führungskraft und damit auch deren Entlohnung ist direkt mit der Anzahl der unterstellten Personen verknüpft.

Ein weiteres Problem ist der Mangel an Nachwuchskräften. Da die Kommunikation zwischen den dezentralen Personaleinheiten nicht gut funktioniert, kann es vorkommen, dass in einer Tochtergesellschaft verzweifelt nach einer Nachwuchskraft gesucht wird, obwohl in einer anderen Tochtergesellschaft Mitarbeitende mit Entwicklungspotenzial zur Verfügung stehen. Nach einem Ehemaligentreffen mit Absolventinnen und Absolventen des MBA-Kurses, bei dem aktuelle Managementtrends vorgestellt wurden, informiert Dieter König seine Personalleiterin Maja Müller darüber, dass er in der Bäckermeister-Gruppe ein umfassendes Management Development aufbauen möchte. Er will dieses System noch in diesem Jahr implementieren und erwartet, dass Maja Müller umgehend ein internationales Projektteam ins Leben ruft, um diese Aufgabe zu bearbeiten. Obwohl die Personalleiterin weiß, dass der CEO ein großes Problem der Bäckermeister Gruppe erkannt hat, ist sie mit dem Auftrag nicht glücklich. Sie hat Bedenken, dass ein zu komplexes System bei den Betroffenen nicht auf Akzeptanz stößt und daher nicht oder nur halbherzig angewandt wird. Ihr wäre es viel lieber, ein modulares System aufzubauen, welches sich zwar in eine übergeordnete Gesamtkonzeption einordnet, bei Bedarf aber mit unterschiedlichen Zeithorizonten ausgebaut werden kann. Maja Müller nimmt sich vor, dem CEO einen diesbezüglichen Vorschlag zu unterbreiten, und hofft, damit etwas Zeit zu gewinnen.

3.2.4 Arbeitszeitmanagement

In der Produktion der Bäckermeister AG wird mehrheitlich Schicht gearbeitet, in allen anderen Unternehmensbereichen dominieren traditionelle Arbeitszeitsysteme. Peter König der, «Patron», hat immer großen Wert auf geregelte Arbeitszeiten gelegt, und es ist mehrfach vorgekommen, dass er Mitarbeitende, die um 08:00 Uhr noch nicht am Arbeitsplatz waren, heftig gemaßregelt hat. Als Frühaufsteher war es für ihn unverständlich, dass jemand erst so spät mit der Arbeit beginnen konnte. Zwar hat sich die Situation mit dem Führungswechsel etwas entschärft, die meisten Mitarbeitenden arbeiten aber immer noch nach starren Arbeitszeiten, weil sie Angst haben, zurechtgewiesen zu werden, und weil keine flexibleren Modelle zur Verfügung stehen. Da Dieter König häufig unterwegs ist, nimmt er dieses Problem nicht wirklich wahr. Er wundert sich aber über die hohe Anzahl Überstunden, die ihm vom neu aufgebauten Controlling gemeldet werden. Er schreibt ein Mail an Maja Müller mit der Bitte, diesen Sachverhalt zu durchleuchten. Damit ist die Sache vorerst für ihn erledigt.

Maja Müller führt ein langes Gespräch mit dem Leiter einer großen Produktionseinheit und stößt auf interessante Informationen. Ähnlich wie in anderen Branchen unterliegt die Nachfrage nach Produkten der Bäckermeister-Gruppe saisonalen Schwankungen. In den Monaten vor den Festtagen (Weihnachten, Neujahr und Ostern) und im Frühsommer herrscht Hochbetrieb, in den Monaten Juli, August, September, Januar und April ist die Auslastung der Produktionsanlagen eher unterdurchschnittlich. Zwar versucht der Produktionsleiter die Leerzeiten durch die Steuerung von Wartungsarbeiten, Umbauten und Revisionen zu minimieren, es kommt aber trotzdem häufig vor, dass Mitarbeitende zwar anwesend sind, aber nur wenig zu tun haben. Demgegenüber sammeln sich in den Phasen mit überdurchschnittlichem Auftragseingang viele Überstunden an, die mehrheitlich ausbezahlt werden. Aufgrund der großen Belastung bei Hochbetrieb erhöhen sich auch die Fehlzeiten markant. Eine Mitarbeiterin an einer Produktionslinie beklagt sich darüber, dass sie bei Hochbetrieb häufig auch samstags arbeiten muss und nicht einmal Zeit zum Einkaufen findet.

Im Zuge ihrer Analysen stößt Maja Müller auf ein weiteres Problem: Ettore Scalfi, ein Bäckermeister, der schon seit über 45 Jahren im Unternehmen tätig ist und sich während dieser Zeit ein immenses Wissen über den Backprozess und die Rezepturen angeeignet hat, steht kurz vor seine Pensionierung. Ettorino, wie ihn alle nennen, freut sich sehr auf diesen Moment und wird zusammen mit seiner Frau nach Sapri in der Nähe von Neapel zurückkehren, um dort Teilzeit in der

Pizzeria seines Bruders mitzuarbeiten. Dem Produktionsleiter graut bereits vor dem Augenblick, ab dem ihm das Erfahrungswissen von Ettore Scalfi nicht mehr zur Verfügung steht.

3.2.5 Weitere Problembereiche

Da die Mitarbeiterzufriedenheit einen Abschnitt zur Beurteilung der direkten Vorgesetzten umfasst, erhält Maja Müller auch nützliche Informationen zu den Führungsqualitäten des Managements. Während die Fachkompetenz der Vorgesetzten in der Regel als sehr hoch eingeschätzt wird, bemängeln die Mitarbeitenden häufig deren Führungsqualitäten. Darunter sind insbesondere die Fähigkeit zur Delegation, die Zielvereinbarung und die Mitarbeiterförderung gemeint. Die Sozialkompetenz der Vorgesetzten wird sehr unterschiedlich beurteilt. Hier zeigt sich kein einheitliches Bild. Beim Studium der diesbezüglichen Auswertungen fällt Maja Müller auf, dass in einer Abteilung die Beurteilungen zum Vorgesetzten durchweg sehr kritisch sind. Es handelt sich um einen technischen Dienst, der mit der Wartung der Produktionsanlagen in einem großen Werk in der Nähe von Bern betraut ist. Bereits früher war der Personalleiterin diese Organisationseinheit aufgrund einer weit überdurchschnittlichen Fluktuation aufgefallen. Anlässlich eines Besuchs an diesem Produktionsstandort entschließt sich Maja Müller, diesem Problem auf den Grund zu gehen. Sie spricht den Leiter des technischen Dienstes direkt darauf an. Nach einer anfänglich abwehrenden Haltung vertraut ihm der Leiter des technischen Dienstes, Josef Stauffer, an, dass er seit längerer Zeit unter einem Alkoholproblem leidet und seine Arbeit nicht mehr korrekt ausführen kann. Nach der Trennung von seiner Frau und einer Fehlinvestition im Aktienmarkt schien ihm der Griff zur Flasche der einzige Ausweg. Obwohl es Josef Stauffer weitgehend gelungen ist, sein Suchtproblem zu verstecken, kam es in der Vergangenheit häufig zu Konflikten mit Mitarbeitenden und einer Verschlechterung des Abteilungsklimas. Herr Stauffer möchte seine Probleme gerne wieder in den Griff bekommen und einen Neuanfang wagen, traut sich diesen allerdings nicht zu. Er erwähnt gegenüber Maja Müller, dass er sich durchaus vorstellen kann, die Branche zu wechseln und eine neue Herausforderung anzunehmen. Die Personalleiterin sichert ihm ihre Unterstützung zu.

4 Fragen zur Fallstudie

Bei der Falllösung sollten die Bearbeiterinnen und Bearbeiter der Fallstudie die Rolle von Maja Müller übernehmen. Sie verfügen über die Daten der Ist-Analyse und sind gehalten, daraus die richtigen Schlüsse zu ziehen. Die Fragen zum Fall basieren auf dem Aktionsprogramm, das Maja Müller nach 100 Tagen im Amt fristgerecht kommuniziert hat. Als nächster Schritt geht es nun darum, die in den Fragen angesprochenen Problemstellungen aufzugreifen und Lösungen zu erarbeiten, die den Anforderungen eines zeitgemäßen Personalmanagements in der Bäckermeister Schweiz AG bzw. der Bäckermeister-Gruppe entsprechen.

Vor der Beantwortung der einzelnen Fragen empfiehlt es sich, alle Fragen durchzulesen, da diese z. T. interdependent sind. Vermeiden Sie Antworten, die sich auf die reine Wiedergabe von Theorien beschränken. Behalten Sie immer den Fallbezug im Auge. Oftmals führen viele Wege zum Ziel. Daher kann es bei den nachfolgenden Fragen mehrere denkbare Lösungsmöglichkeiten geben. Aus diesem Grund werden von Ihnen konsistente Begründungen zu Ihren Lösungen erwartet.

Frage 1

Empfohlene Zeit: 40 Minuten

Punkte: 20

a) Wie beurteilen Sie den Prozess der Personalgewinnung bei der Bäckermeister Schweiz AG? Strukturieren Sie Ihre Antwort anhand der klassischen Phasen einer Personalgewinnung und gehen Sie jeweils kurz auf die Informationsbeschaffung, die Rekrutierung, die Selektion und die Einführung neuer Mitarbeitender ein. Was würden Sie besser machen? Achten Sie bei Ihrer Antwort bitte darauf, klar zwischen der Beurteilung der Ist-Situation und der neuen Soll-Lösung zu unterscheiden.

b) Was halten Sie von den grafologischen Kurzgutachten, die Max Boser erstellt? Wie beurteilen Sie den Stellenwert der Grafologie als Selektionsinstrument generell? Begründen Sie Ihre Antwort.

c) Dieter König ist sehr controllingorientiert und verlangt von Ihnen (Maja Müller), dass Sie ihm Kennzahlen des Personalcontrollings vorschlagen, mit denen sich die Effektivität und die Effizienz der Personalgewinnung messen lassen. Führen Sie auch aus, wie Sie diese Kennzahlen erfassen wollen.

Frage 2

Empfohlene Zeit: 30 Minuten

Punkte: 15 Punkte

a) Wie kann das Problem der saisonalen Auftragsschwankungen und der daraus resultierenden hohen Zahl von Überstunden gelöst werden? Bedenken Sie bei Ihrer Antwort, dass Sie die benötigten Fachkräfte nicht kurzfristig vom Arbeitsmarkt rekrutieren können, da Externe die spezifischen Produktionsprozesse der Bäckermeister AG nicht kennen und zuerst während mehrerer Wochen eingearbeitet werden müssen. Im Bereich der ungelernten Hilfskräfte wird bereits mit Temporärarbeitskräften gearbeitet.

b) Machen Sie einen Vorschlag, wie sich Probleme, die im Zusammenhang mit der Pensionierung von Ettore Scalfi und dem damit verbundenen Verlust von Erfahrungswissen auftreten, künftig vermeiden lassen.

Frage 3

Empfohlene Zeit: 40 Minuten

Punkte: 20 Punkte

Wie gehen Sie mit den unterschiedlichen Lohnsystemen in der Bäckermeister Schweiz AG um? Entwerfen Sie – unabhängig zu Ihrer Antwort auf den 1. Teil von Frage 2 – ein neues, modular aufgebautes Entlohnungsmodell in seinen Grundzügen (Nennung der Komponenten und *kurze Beschreibung; ausführliche Begründung* der gewählten Komponenten). Gehen Sie detailliert auf die Problematik eines variablen Gehaltsanteils ein. Erläutern Sie anhand von Beispielen, wie Sie den variablen Lohnbestandteil bestimmen wollen (Kriterien und Messung). Von Dieter König erhalten Sie die Vorgabe, dass die Bemessung des variablen Lohnbestandteiles mit einem Management-by-Objectives zu verknüpfen ist. Berücksichtigen Sie diese Vorgabe.

Frage 4

Empfohlene Zeit: 40 Minuten

Punkte: 20 Punkte

Die Ist-Analyse zeigt, dass die Bäckermeister Schweiz AG über keine systematische Personalentwicklung verfügt.

a) Begründen Sie, warum es sich die Bäckermeister Schweiz AG nicht leisten kann, auf ein solches System zu verzichten. Bauen Sie Ihre Argumentation so auf, dass Sie die kritische und zahlenorientierte Geschäftsleitung von der Notwendigkeit einer Personalentwicklung überzeugen können.

b) Gehen Sie auf notwendige stellenbezogenen Maßnahmen der Personalentwicklung (Stellvertretung, Laufbahnplanung, Nachfolgeplanung etc.) im Überblick ein und erörtern Sie diejenigen Karrieremodelle detaillierter, die Sie sich für die Bäckermeister Schweiz AG bzw. die Bäckermeister-Gruppe vorstellen können.

c) Schlagen Sie mehrere Kennzahlen zur Messung der Effektivität und der Effizienz der Personalentwicklung in der Bäckermeister Schweiz AG vor (Kennzahlen und Messverfahren).

Frage 5

Empfohlene Zeit: 30 Minuten

Punkte: 15 Punkte

Es ist Ihnen gelungen, Dieter König davon zu überzeugen, dass sich ein umfassendes Management Development nicht erfolgreich in so kurzer Zeit implementieren lässt. Sie sind sich aber einig, dass das Problem der mangelnden Nachwuchskräfte nicht warten kann. Aus diesem Grund erhalten Sie den Auftrag, eine Lösung für die Sicherstellung der Versorgung der *Bäckermeister-Gruppe* mit qualifizierten Nachwuchskräften vorzuschlagen. Die Arbeit an diesem Konzept wird Ihnen dadurch erleichtert, dass Sie bei Ihren Kollegen in den ausländischen Tochtergesellschaften auf offene Ohren und große Unterstützung treffen.

Frage 6

Empfohlene Zeit: 20 Minuten

Punkte: 10 Punkte

Als Personalleiter haben Sie Herrn Josef Stauffer Ihre Unterstützung zugesichert. Welche konkreten Maßnahmen sehen Sie? Denken Sie bei Ihrer Lösung daran, dass sich die Bäckermeister-Gruppe gemäß Leitbild einer sozial verantwortlichen Unternehmensführung verschrieben hat.

Anhang 2: Phonos AG

1 Einleitung

Die in der Fallstudie behandelte Unternehmen Phonos AG fusionierte per 11. September 2000 unter dem Dach der Aurora mit dem Telekommunikationsunternehmen Everex. Dadurch entstand der zweitgrößte Telekommunikationsanbieter im Heimmarkt von Phonos. Die durch den Unternehmenszusammenschluss entstandenen Veränderungen stellen hohe Anforderungen an die Fähigkeiten und das Verhalten der Mitarbeiter im Allgemeinen und an die Führungskräfte sowie an das HRM im Speziellen. Bei der Everex und der Phonos stehen sich zwei sehr unterschiedliche Kulturen gegenüber. Hinzu kommt, dass beide Unternehmen ähnlich aufgebaut sind und daher erhebliche Synergiepotenziale bestehen. Der Verwaltungsrat der Aurora ist fest entschlossen, diese Einsparungspotenziale zu realisieren. Er scheut auch nicht vor einem empfindlichen Stellenabbau zurück. Aufgrund der besonderen Situation der Phonos AG als Telekommunikationsunternehmen, die auf ein sehr gutes Image in der Öffentlichkeit und ein gutes Einvernehmen mit den Behörden angewiesen ist, erschwert sich die Ausgangslage für die erfolgreiche Umsetzung der erforderlichen Veränderungen erheblich. Die verschiedenen Anspruchsgruppen der Unternehmen sind im Rahmen eines systematischen Stakeholder-Managements zu betreuen. Die Fallstudie Phonos AG wurde für die Management-Weiterbildung konzipiert und dort eingesetzt. Hinweise von Teilnehmenden haben zur Weiterentwicklung des Falls beigetragen.

Anmerkung: Um die damalige Ausgangslage mit der Liberalisierung des Telekommunikationsmarktes nicht zu verfälschen, wurden die Jahreszahlen bewusst nicht aktualisiert. Das führt auch dazu, dass in der Fallstudie von inzwischen veralteten Technologien die Rede ist. Auch dieser Sachverhalt wurde aus Gründen der Authentizität bewusst beibehalten.

2 Grundlagen der Fallstudie

2.1 Kurzbeschreibung und Methode

Die vorliegende Fallstudie beschäftigt sich mit der Fusion der beiden Kommunikationsunternehmen Everex und Phonos. Das Schwergewicht liegt bei der Analyse der Anforderungen an Führungskräfte und an das HRM in der Post-Merger Phase. Ein besonderes Augenmerk richtet sich dabei auf die psychologischen Aspekte von Unternehmenszusammenschlüssen, die Kommunikation, die Personalentwicklung und den Stellenabbau. Als weitere Themen werden die Unternehmenskultur (Werte ermitteln, verankern und messen), die Organisation (Aufbauorganisation und Prozesse) sowie das Stakeholder-Management angesprochen. Die der Fallstudie zugrunde liegenden Informationen wurden aus internen Dokumenten, Medienberichten und Interviews mit Mitarbeitenden und Entscheidungsträgern der betroffenen Unternehmen gewonnen.

2.2 Angesprochene Fachbereiche

Für das Verständnis der in dieser Fallstudie beschriebenen Problemstellungen sind Kenntnisse in den folgenden personalwirtschaftlichen und betriebswirtschaftlichen Themenbereichen erforderlich.

Tabelle 4: Angesprochene Fachbereiche der Fallstudie Phonos AG

Fachbereich	Themen
Personalmanagement	• Anforderungen an Führungskräfte • Management Development • Rollen des HRM • Stellenabbau • Personalerhaltung • Kommunikation in Veränderungsprozessen
Unternehmenskultur	• Kulturelle Werte ermitteln • Kulturelle Werte verankern • Kulturelle Werte messen
Organisation	• Rahmenstrukturen • Detailstrukturen • Prozesse

Stakeholder-Management	• Umgang mit internen und externen Anspruchsgruppen • Kommunikation • Konfliktmanagement

2.3 Lernziele

Die Fallstudie ist auf die folgenden Lernziele ausgerichtet:

- Anforderungen an Führungskräfte und HR-Fachkräfte in Veränderungsprozessen erkennen.
- Verschiedene Rollen des HRM identifizieren und beschreiben.
- Maßnahmen zum Stellenabbau systematisch planen, gezielt vorbereiten und umsichtig durchführen.
- Kommunikationskonzept zum Stellenabbau erarbeiten und umsetzen.
- Maßnahmen zur Personalerhaltung in Veränderungsprozessen aufzeigen.
- Die Kommunikation während Veränderungsprozessen beurteilen und Verbesserungsmaßnahmen vorschlagen.
- Maßnahmen zur Umsetzung von Unternehmenswerten darlegen.
- Aufzeigen, wie kulturelle Werte gemessen werden können.
- Verschiedene interne und externe Anspruchsgruppen identifizieren.
- Konflikte mit Gewerkschaften bewältigen.
- Angemessen mit den verschiedenen Anspruchsgruppen kommunizieren.
- Rahmenstrukturen beurteilen, Detailstrukturen erarbeiten und implementieren sowie Prozesse erkennen und gestalten.

Tabelle 5: Kognitive Lernzieltaxonomie der Fallstudie Phonos AG

	Lernzielkategorie					
Frage	Wissen	Verstehen	Anwendung	Analyse	Synthese	Bewertung
1						
2						
3						
4						
5						
6						

2.4 Zeitbedarf und Punktzahl für die Bewertung

Der Gesamtzeitbedarf richtet sich nach der Menge der zu beantwortenden Fragen. Die den einzelnen Fragen zugewiesene maximal erreichbare Anzahl Punkte orientiert sich an der für die Beantwortung vorgesehenen Zeit in Minuten.

Tabelle 6: Zeitbedarf und Punktzahl der Fallstudie Phonos AG

Tätigkeit	Zeitbudget	Maximale Punktzahl
Lektüre von Falltext und Fragen	40 Minuten	——
Beantwortung von Frage 1	25 Minuten	15 Punkte
Beantwortung von Frage 2	10 Minuten	5 Punkte
Beantwortung von Frage 3	60 Minuten	30 Punkte
Beantwortung von Frage 4	35 Minuten	20 Punkte
Beantwortung von Frage 5	40 Minuten	20 Punkte
Beantwortung von Frage 6	20 Minuten	10 Punkte
Reservezeit	10 Minuten	——
Total	**240 Minuten**	**100 Punkte**

3 Falltext

3.1 Rahmenbedingungen der Phonos AG

3.1.1 Ökonomische Rahmenbedingungen

Der Markt für Fernmeldedienste und -netze wurde im Heimmarkt der Phonos AG auf den 1. Januar 1998 liberalisiert. In der Folge wurden mehrere Unternehmen gegründet, welche mit verschiedenen Produkten in diesen attraktiven Telekommunikationsmarkt eintraten. Einige Firmen operierten mit finanzieller Hilfe von ausländischen Investoren. Durch die große Anzahl von Unternehmen entwickelte sich neben einer hohen Dynamik ein enormer Konkurrenzdruck. Nach einer anfänglichen Euphorie setzte eine gewisse Ernüchterung ein, die in einem erhöhten Kostenbewusstsein und schließlich in einer Konsolidierungsphase mündete. Gründe dafür waren sinkende Umsätze und eine vermehrte Konzentration auf Rendite und Cashflow. Die angebotenen Produkte unterscheiden sich nur unwesentlich. Daher bestehen die einzigen Differenzierungsmöglichkeiten in der Kundenbetreuung und im Branding.

3.1.2 Rechtliche Rahmenbedingungen

Mit der Liberalisierung wurde der Markt weitgehend geöffnet. Allerdings kontrolliert die ehemalige Monopolistin im Bereich der Festnetztelefonie weiterhin die sogenannte «Letzte Meile» respektive das Kabel zwischen Telefonzentrale und Endabnehmer. Mehrere Telekommunikationsunternehmen versuchten, auf rechtlichem Weg dieses letzte Monopol aufzubrechen, allerdings ist der Erfolg bis heute ausgeblieben. Die gesetzlichen Auflagen in Bezug auf die Errichtung von Antennen für die Mobiltelefonie sind um ein Vielfaches strenger als in den Nachbarländern. Die Branchenvertreter und Lobbyisten setzen sich dafür ein, dass die Richtlinien für elektromagnetische Strahlung nicht weiter verschärft werden. Einige Gemeinden haben bereits Regelungen erlassen, die es neuen Telekommunikationsunternehmen stark erschweren, eine qualitativ hochwertige Infrastruktur aufzubauen. Sie verfügen in diesem Bereich über einen erheblichen Nachteil gegenüber der früheren Monopolistin.

3.1.3 Technische Rahmenbedingungen

Die Branche unterliegt einem hohen Tempo in Bezug auf den technischen Wandel. Im Mobilbereich wird das Global System for Mobile Communication (GSM) Netz durch General Packet Radio Service (GPRS) ergänzt. Die Einführung des Universal Mobile Telecommunication System (UMTS) ist für Ende 2000 geplant. Es sind allerdings Verzögerungen zu erwarten. Das Problem mit UMTS ist, dass noch keine marktfähigen Geräte für den Endabnehmer und zudem keine durchdachten Businessmodelle für wirtschaftlich interessante Dienstleistungen zur Verfügung stehen. Im Internetbereich wurde ADSL eingeführt, welches die Übertragungsraten bedeutend erhöht. ADSL wird aber von verschiedenen Kabelanbietern bedrängt, die zu noch günstigeren Preisen höhere Durchsatzraten anbieten. In einzelnen Regionen werden Pilotprojekte mit Powerline Communication (PLC) durchgeführt. Das Interesse der Endabnehmer hält sich aber derzeit (noch) in Grenzen.

3.1.4 Soziale Rahmenbedingungen

Die Gesellschaft hat ein eher zwiespältiges Verhältnis zur Mobiltelefonie. Auf der einen Seite gehört der Besitz eines Mobiltelefons zum Standard und ist ein Statussymbol, auf das niemand verzichten möchte, auf der anderen Seite wird versucht, durch rechtliche Einsprüche das Errichten von Mobilfunkantennen zu verhindern. Weiter besteht die Gefahr, dass die Konsumenten nicht mehr mit der Geschwindigkeit der technischen Entwicklung Schritt halten können. Ein Beispiel hierfür ist UMTS, dass noch keine finanziell und technisch tragfähigen Geschäftsmodelle hervorgebracht hat.

Neben den für den Telekommunikationsmarkt relevanten Faktoren sind im Heimmarkt von Phonos eine generelle Abnahme der Bindung der Mitarbeitenden zu ihren Arbeitgebern und eine Stärkung der Arbeitnehmervertretungen zu beobachten. Die aus der Sicht der Mitarbeitenden angespannte Lage auf dem Arbeitsmarkt senkt die natürliche Fluktuation und stellt hohe Anforderungen an die soziale Verantwortung der einzelnen Unternehmen. Obwohl die «alte» Phonos und die Everex keinem Rahmenarbeitsvertrag unterstellt sind, versuchen sie, das Konfliktpotenzial mit Gewerkschaftsvertretern durch faire und transparente Arbeits- und Anstellungsbedingungen zu minimieren.

3.2 Firmengeschichte

3.2.1 Die Geschichte der Phonos vor der Fusion

Am 6. August 1996 gründen mehrere Unternehmen die Gesellschaft Telefon AG mit dem Ziel, sich am in der Zukunft liberalisierten Telekommunikationsmarkt zu beteiligen. Ein Jahr später konnten mit der Bahn AG, der Bankers AG, der France Bell AG und der Aurora AG wichtige Partner und Investoren gewonnen werden. Ende 1997 werden die Produkte im Hinblick auf die per 1. Januar 1998 beschlossene Liberalisierung unter dem Namen Phonos angeboten. Phonos beginnt mit Produkten im Bereich des Festnetzes und bewirbt sich ebenfalls um eine Mobillizenz. Diese Bemühungen sind trotz einer Verwaltungsgerichtsbeschwerde nicht von Erfolg gekrönt. In der Folge konzentrierte sich das Unternehmen auf den Festnetzbereich, wobei sich Aurora und France Bell verstärkt bei Phonos engagieren. Zu Beginn des Jahres 1999 lanciert Phonos mit großem Erfolg das Produkt «web-for-free», den kostenlosen Zugang zum Internet. Mitte 2000 bewirbt sich Phonos um eine Lizenz für das Universal Mobile Telecommunications System (UMTS).

3.2.2 Die Geschichte von Everex vor der Fusion

Am 1. August 1996 wird Everex durch sechs große Elektrizitätsgesellschaften gegründet. Zehn Monate später wird eine Joint-Venture-Vereinbarung mit SSL Communications Inc., einem amerikanischen Medienkonzern, unterzeichnet. Fast zur gleichen Zeit erwirbt die Security Versicherungsgruppe ein namhaftes Aktienpaket der Everex Holding. Nach dem Auf- und Ausbau eines Mobilnetzes und der Liberalisierung des Marktes für Fernmeldedienste und -netze per 1. Januar 1998 bewirbt sich Everex erfolgreich um eine Mobillizenz. Mitte 1998 tritt das Unternehmen ebenfalls in den Markt für Festnetztelefonie ein und ergänzt seine Produktpalette zusätzlich um den Bereich Internetzugang. Wichtigstes Standbein bleibt jedoch der Mobilmarkt, der laufend durch neue, innovative Produkte ergänzt wird. Mitte 2000 bewirbt sich Everex ebenfalls um eine UMTS-Lizenz.

3.2.3 Die Geschichte der Fusion

Per 11. September 2000 übernimmt Aurora die Aktienmehrheit von Phonos und Everex mit dem Ziel, die beiden Unternehmen zu fusionieren. Kurz darauf wird bekannt, dass der designierte CEO Thomas A. Maler das Unternehmen zum Ende des Jahres verlassen wird. Als Folge der Fusionsankündigung zieht sich Phonos aus der Auktion um eine UMTS-Lizenz zurück. Daraufhin erwirbt Maverick, eine Schwesterfirma von Everex, eine UMTS-Lizenz zum Mindestangebot von 35 Mio. €. Am 12. September 2000 wird José Gaudi zum neuen CEO des neuen Unternehmens ernannt. Ende Januar 2001 fällt die Entscheidung in Bezug auf den Markennamen zugunsten von «Phonos». Fast zur selben Zeit wird die Fusion vollzogen, und das Unternehmen startet seine operative Tätigkeit. Im folgenden Monat gibt Phonos seine neue Strategie und den damit verbundenen Abbau von rund 500 Stellen bis Ende 2001 bekannt.

3.3 Produkte

3.3.1 Festnetz

Das Unternehmen bietet eine breite und umfassende Palette an Sprach-, Daten- und Multimediadienstleistungen an. Dabei wird darauf geachtet, dass auch entsprechende Zukunftstechnologien auf der Basis des Internet-Protokolls (IP), von Application Service Providing (ASP) und Voice-over-IP zum Einsatz kommen. Durch Wireless Local Loop (WLL) ist es für Phonos möglich, die letzte Meile über Mobilfunk zu überbrücken. Bei den Kunden stößt diese Technologie allerdings noch nicht auf eine allzu große Akzeptanz.

3.3.2 Mobile

Phonos hat als erste Anbieterin das gesamte Mobilfunknetz auf den GPRS-Standard ausgebaut. Zusätzlich bietet das Unternehmen verschiedene Dienstleistungen an, wie zum Beispiel Short Message Service (SMS), Mailbox, Wireless Application Protocol (WAP), mobile Messenger oder standortbezogene Informationen. Der Aufbau der UMTS Infrastruktur wird mit hoher Priorität vorangetrieben. Aufgrund von rechtlichen Einschränkungen, Widerständen aus der Bevölkerung und der enormen Kosten dieses Netzaufbaus verzögern sich die Arbeiten, sodass nicht vor Anfang 2004 mit einem Einstieg in diesen Markt gerechnet werden darf.

3.3.3 Internet

Unabhängig vom Telefonanbieter bietet Phonos kostenlose Provider-Dienste an (web-for-free). Auch dieses Produkt wird durch zahlreiche Dienstleistungen ergänzt. So findet der Kunde auf dem Portal verschiedene Informationen. Außerdem können alle WAP- und E-Mail-Konto-Einstellungen konfiguriert werden. Weiter offeriert Phonos Leistungen in den Bereichen Direct Access, Server Housing und E-Commerce.

3.4 Die Fusion

3.4.1 Anstoß für die Fusion

Ausschlaggebend für die Fusion der beiden Unternehmen waren in erster Linie finanzielle Überlegungen. Auf der Finanzierungsseite war es seit dem Zusammenbruch der Dotcom-Blase immer schwieriger und somit auch teurer geworden, Kapital zu beschaffen. Auf der anderen Seite verlangt der schnelle Produktlebenszyklus im Bereich der Kommunikation stetig nach Innovationen und daher auch kostspieligen Investitionen. Der im internationalen Vergleich relativ kleine Heimmarkt der Phonos erlaubt nur eine geringe Anzahl von großen Anbietern. Die beiden fusionierten Unternehmen verfügten über eine starke Marktstellung in verschiedenen Bereichen. Während Everex hauptsächlich im Bereich der Mobiltelefonie operierte, konzentrierte sich die alte Phonos auf die Festnetztelefonie. Beide Unternehmen expandierten zudem in den neuen Geschäftszweig Internet. Dadurch konnten in verschiedenen Bereichen Überkapazitäten abgebaut werden, während die verbesserte Marktposition Auswirkungen auf die Erträge hatte.

3.4.2 Ziele und Strategie der neuen Phonos

Ziel der neuen Phonos ist es, die einzige alternative Vollservice-Anbieterin zu werden. Das neue Unternehmen bietet qualitativ hochwertige Produkte in den drei

Segmenten Mobiltelefonie, Festnetztelefonie und Daten- und Internetlösungen an. In allen drei Segmenten will das Unternehmen zu den größten Anbieterinnen im Heimmarkt gehören. Die Strategie liegt darin, allen Kunden einen größtmöglichen Nutzen zu bieten. Dies soll durch die Maximierung der Erträge bei gleichzeitiger Minimierung der Fixkosten erreicht werden.

Um die Erträge zu maximieren, werden die folgenden fünf Strategien definiert:

- Erhöhtes Volumen in den Bereichen Mobilfunk, Festnetz und Internet
- Fokus auf die relevanten Dienstleistungen
- Reduktion der Kundenumwälzungen durch Erhöhung der Kundenloyalität
- Maximierung der Ausgaben pro Kunde durch Cross-Selling
- Fokus auf Kunden mit hohen Ausgaben (Premium-Segment)

Im Gegenzug sollen die Kosten ebenfalls mit der Hilfe von fünf Strategien markant reduziert werden:

- Verbesserung der Effektivität und der Effizienz
- Gebrauch von kosteneffektiver Technologie
- Bestehende Kostenstrukturen als Herausforderung
- Kostenbewusstsein als Firmenmentalität
- «Die Kunden um jeden Preis behalten.»

Um die Strategien umzusetzen, richtet sich der Fokus auf die Leistungen und Kernkompetenzen der Mitarbeiter (vgl. Abbildung 20).

Abbildung 20: Kernkompetenzen von Phonos

3.4.3 Rahmenstruktur

Sowohl die Everex als auch die alte Phonos AG waren primär divisional aufgebaut. Als Gliederungskriterium dienten Produktbereiche. Dieses Strukturmerkmal wird wiederum aufgenommen. Aufgrund der partiellen Komplementarität der Angebote der fusionierenden Firmen bestehen in den operativen Einheiten mit Ausnahme der Call Center, des Bereiches Internet und des Bereiches Wholesale lediglich geringe Doppelspurigkeiten. Bei den Supportfunktionen sind hingegen alle Bereiche betroffen, da beide Firmen entsprechende Kompetenzen aufgebaut haben.

Als Rahmenstruktur der neuen Phonos wird erneut eine divisionale Organisationsform gewählt. Die operativen Elemente bilden die am Markt angebotenen Produkte Mobile, Fixed & Internet und Wholesale. Ergänzt wird die Palette durch die Einheit IT (vgl. Abbildung 21). Diese Elemente unterhalten jeweils eigene Abteilungen, welche sich mit den Aufgaben Marketing, Verkauf und Kundenbetreuung beschäftigen.

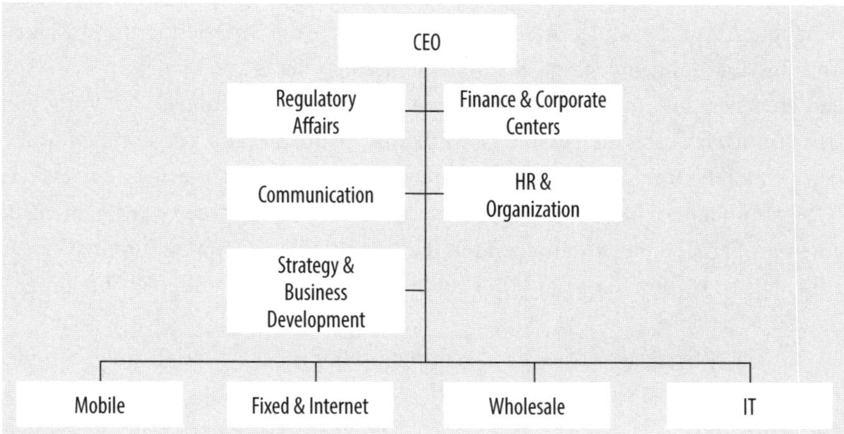

Abbildung 21: Rahmenstruktur der Phonos AG

Unterstützt werden die Business Units durch die Managementfunktionen Finance & Corporate Centers, Human Resources & Organization sowie Strategy & Business Development. Die Managementeinheiten Regulatory Affairs und Communication operieren als Stabstellen der Geschäftsleitung mit Unterstützungsfunktion für die operativen Einheiten.

3.4.4 Psychologische Aspekte der Fusion

Am 13. November 2000 werden am Vormittag die Führungskräfte von Everex, am Nachmittag diejenigen der «alten» Phonos zu einem Meeting eingeladen. Der CEO von Aurora, Juan Pedro Gonzales, verkündet den Kauf der Aktienmehrheit beider Firmen und damit die Fusion von zwei gleich starken Partnern. Die Fusion ist das größte finanzielle Investment, welches von einem spanischen Unternehmen im Ausland je getätigt wurde. Der Kauf der beiden Firmen ist ein Bestandteil der europäischen Expansionsstrategie von Aurora. Dem CEO von Everex, Paul Hohlbein, wird für seine professionelle Arbeit gedankt. Er verlässt das Unternehmen umgehend. Thomas A. Maler von Phonos wird als CEO der neuen Firma bekannt gegeben.

Schon in den ersten Wochen nach der Bekanntgabe steigt die Unsicherheit innerhalb des Unternehmens stark an. Viele Mitarbeiter befinden sich in einem Wechselbad der Gefühle. Positive Wertungen erhalten die Hoffnung auf das Neue und die Möglichkeit, beim Aufbau eines neuen Unternehmens mitwirken zu können. Gleichzeitig eröffnet sich die Chance, sich in einem neuen Umfeld zu behaupten. Auf der anderen Seite ist die Situation durch Orientierungslosigkeit und Enttäuschungen geprägt. Ebenfalls stellte sich die Frage, inwiefern man Risiken eingehen soll, oder ob es nicht besser ist, auf die Weisungen der Vorgesetzten zu warten. Auch die persönliche Zukunft ist unklar. Die Vorgesetzten umgeben sich häufig mit Mitarbeitern aus ihrem ursprünglichen Unternehmen. Da das HR-Team hauptsächlich aus einem Unternehmen übernommen wird, fehlen für einen großen Teil der Mitarbeitenden die persönlichen Kontakte für eine Versetzung. Hinzu kommt, dass das HR-Team gleichzeitig wie die anderen Abteilungen reorganisiert wird.

Für das Management ist die Zusammenstellung der neuen Teams ebenfalls eine große Herausforderung. Durch die Abgänge sind in Bezug auf Netzwerke und Know-how Verluste zu verzeichnen. Die Fusion ist einer hohen Geschwindigkeit unterworfen. Da neben der Umsetzung der Fusion auch das Tagesgeschäft weitergeführt werden muss, resultiert daraus ein sehr hoher Erwartungsdruck an alle Mitarbeitenden. Das Resultat sind ein erhöhter Stress und ein echter Verschleiß von Führungskräften auf allen Ebenen.

Situation für die Mitarbeitenden: Obwohl die Fusion zwischen Everex und Phonos allgemein erwartet wurde, war der Zeitpunkt der Bekanntgabe eher überraschend. Da schon bald bekannt wurde, dass der designierte CEO (Thomas A. Maler) das Unternehmen verlassen wird, war der Unsicherheitsfaktor entsprechend hoch. Mit dem Fehlen des neuen CEO war auch die Zusammensetzung der zukünftigen Geschäftsleitung unklar. Die Mitarbeitenden stellten sich die Frage, wer eigentlich wen übernommen hat und welche Marke überleben wird. Da auch Unklarheit darüber besteht, ob der oder die eigene Vorgesetzte weiter in seiner bzw. ihrer Funktion operieren wird, befand sich zusätzlich das persönliche Beziehungsnetz im Umbruch. Unsicherheiten bestanden weiterhin in Bezug auf den Umfang des zu erwartenden Personalabbaus. Das Management wurde angehalten, die Mitarbeitenden regelmäßig zu informieren. Die Intensität, Form und der Umfang dieser Informationsweitergabe wurden den einzelnen Führungskräften selbst überlassen.

3.4.5 Kommunikation während der Fusion

Die Kommunikation wurde durch ein Ereignis bedeutend erschwert. Der designierte CEO, Thomas A. Maler, verließ einen Monat nach der Fusionsankündigung das Unternehmen. Die definitive Ernennung der Kommunikationsverantwortlichen fiel mit der Bekanntgabe des neuen CEO zusammen und erfolgte eine Woche nach dem Abgang des «alten» CEO.

Um alle relevanten Stellen wie Mitarbeitende, Kundinnen und Kunden, Investierende und Medien mit Informationen zu versorgen, wurden verschiedene Informationskanäle aufgebaut.

- **Intranet:** Die Mitarbeitenden wurden wöchentlich via Intranet über den Stand der Fusion informiert. Als Wochentag wurde der Donnerstag gewählt, da die Informationen noch vor dem Wochenende mit Teammitgliedern sowie mit Vorgesetzten diskutiert werden konnten.
- **CEO on Tour:** Der CEO besuchte die einzelnen Einheiten. Einerseits vermittelte er Informationen, andererseits hatten die Mitarbeitenden die Möglichkeit, Fragen zu stellen.
- **Open Door:** Es wurden mit der Geschäftsleitung feste Zeiten vereinbart, in denen die Mitarbeitenden mit ihren Vorgesetzten das direkte Gespräch suchen konnten.
- **phone:** In der Post-Merger-Phase wurde die (physische) Personalzeitschrift «phone» lanciert. Thematisch steht der oder die Mitarbeitende als Mensch im Zentrum. Beiträge von innerhalb und außerhalb des Unternehmens sollen über die Menschen von Phonos berichten sowie Themen aufgreifen, die die Mitarbeitenden bewegen. Weiter werden einzelne Geschäftseinheiten vorge-

stellt und über den Stand der Post-Merger-Integration informiert. Die Zeitschrift erscheint sechsmal im Jahr in Englisch, Spanisch und Deutsch und wird innerhalb des Unternehmens verteilt. Dieses Medium hatte den Nachteil, dass die Informationen häufig nicht mehr dem neusten Stand entsprachen. Die Zeitung wurde später durch die elektronische Personalzeitung «phone» ersetzt.
- **Phonos Management Magazin:** Das «Phonos Management Magazin» richtet sich an die Führungskräfte des Unternehmens und an Phonos-Geschäftskundschaft. Das Magazin informiert über zukünftige Entwicklungen im Technologiemarkt sowie über neue Produkte und Dienstleistungen von Phonos. Das Magazin erscheint viermal im Jahr in englischer und spanischer Sprache. Human Resource Management

3.5 Human Resource Management

3.5.1 Zentrale Funktionen im Rahmen der Fusion

Human Resources & Organization hat im Zusammenhang der Fusion hauptsächlich die folgenden Funktionen übernommen:
- Führen einer Wertediskussion und Implementierung der erarbeiteten Werte.
- Durchführung von Entlohnungsstudien.
- Neugestaltung des Entlohnungssystems.
- Zusammenführung der Pensionskassen.
- Erarbeitung und Abschluss neuer Arbeitsverträge.
- Implementierung eines Systems zur Mitarbeiterbeurteilung.
- Durchführung einer Potenzialanalyse für Führungskräfte.
- Entwicklung eines Management Development Programms.
- Sicherstellung einer kontinuierlichen Personalentwicklung.
- Gewährleistung der Personalvermittlung und Beratung.
- Planung, Vorbereitung und Durchführung des Stellenabbaus.
- Implementierung des Instrumentes der Personalbefragung im Unternehmen.

3.5.2 Unternehmenswerte

Mit der Fusion standen sich – kulturell betrachtet – zwei grundsätzlich verschiedene Unternehmen gegenüber. Auf der einen Seite Everex, welche stark durch den amerikanischen Mutterkonzern geprägt wurde. Der Umgang war dementsprechend locker und informell. Außerdem war Everex im schnellen und flexiblen Markt für Mobiltelefonie tätig und lebte die Kultur eines Dotcom-Unternehmens. Auf der anderen Seite die alte Phonos, welche hauptsächlich durch die französischen und spanischen Investoren beeinflusst wurde. Der formelle Umgang wurde ergänzt durch eine ruhige Kultur, welche aus dem weniger dynamischen Festnetzbereich resultierte. Beide Unternehmenskulturen verfügten über Vor- und Nachteile. Im Arbeitsalltag zeigte sich aber rasch, dass die stark unterschiedlichen Kulturen zu erheblichen Konflikten führten. Die Geschäftsleitung der Phonos AG drängte daher auf eine rasche kulturelle Annäherung.

3.5.3 Kaderentwicklung

Als Teil der Personal- und Kaderentwicklung wurde das Management Development Programm entwickelt. Auslöser war die Intransparenz in Bezug auf das Führungspotenzial und die hohen Erwartungen an die Führungskräfte aufgrund des zu erwartenden Unternehmenswachstums und der damit verbundenen Veränderungen. Ebenfalls war der Evaluationsprozess zur Besetzung von offenen Kaderpositionen nicht klar festgelegt. Zielgruppe des Programms sind junge Führungskräfte mit hohem Potenzial, welche durch eine Potenzialanalyse identifiziert werden. Die Analyse untersucht die administrativen resp. methodologischen Fähigkeiten, fachspezifische Kenntnisse und Fähigkeiten, Führungsfähigkeiten, Kommunikationsfähigkeiten und zwischenmenschliche Fähigkeiten.

Das Management Development Programm ist ein zentraler Bestandteil der Unternehmensstrategie. Die Unternehmensführung erhofft sich dadurch ein verstärktes Durchsetzungsvermögen am Markt und verbesserte Fähigkeiten im Umgang mit schnellen Arbeitsabläufen. Im Gegenzug durchlaufen die Teilnehmer ein persönliches Entwicklungsprogramm, welches ihnen wichtige Informationen vermittelt, hauptsächlich aber ihre Entwicklungsmöglichkeiten innerhalb des Unternehmens aufzeigen kann.

3.5.4 Die Post Merger Phase

Gemäß den Vorgaben des neuen CEO, Jose Gaudi, muss die neue Organisation ab dem 1. Februar 2001 operativ sein. Die neue Struktur, welche sich an der Organisation von Aurora anlehnt, wird mit einem Mengengerüst von ca. 3000 Mitarbeitenden implementiert. Dies führt unweigerlich zu Doppelspurigkeiten und veränderten Teamzusammensetzungen. Ab Ende Februar 2001 sollen die unvermeidlichen Kündigungen ausgesprochen und Auffanggespräche mit den betroffenen Mitarbeitenden organisiert werden.

4 Fragen zur Fallstudie

Bei der Falllösung sollten die Bearbeiterinnen und Bearbeiter der Fallstudie die Rolle des Personalleiters/der Personalleiterin übernehmen. Sie sind gehalten, aus der Fallbeschreibung die richtigen Schlüsse zu ziehen. Die Fragen zum Fall basieren auf der Beschreibung der Fusion zwischen Everex und Phonos. Als nächster Schritt geht es nun darum, die in den Fragen angesprochenen Problemstellungen aufzugreifen und Lösungen zu erarbeiten, die den Anforderungen eines zeitgemäßen Personalmanagements in der Phonos AG entsprechen.

Vor der Beantwortung der einzelnen Fragen empfiehlt es sich, alle Fragen durchzulesen, da diese z. T. interdependent sind. Vermeiden Sie Antworten, die sich auf die reine Wiedergabe von Theorien beschränken. Behalten Sie immer den Fallbezug im Auge. Oftmals führen viele Wege zum Ziel. Daher kann es bei den nachfolgenden Fragen mehrere denkbare Lösungsmöglichkeiten geben. Aus diesem Grund werden von Ihnen konsistente Begründungen zu Ihren Lösungen erwartet.

Frage 1

Empfohlene Zeit: 25 Minuten

Punkte: 15 Punkte

Unternehmenszusammenschlüsse sind schwierige Situationen für Mitarbeitende und Führungskräfte. Dadurch ergeben sich besondere Anforderungen an Führungskräfte in Bezug auf soziale und strategische Kompetenzen sowie die Fähigkeit zum Management von Veränderungen und zur Bewältigung von Belastungssituationen. Neben den Führungskräften sehen sich auch die Personalverantwortlichen mit spezifischen Erwartungen konfrontiert.

a) Welches sind die größten Sorgen von Führungskräften und Mitarbeitenden in Veränderungsprozessen? Wie können diese Ängste abgebaut und die Mitarbeitenden zur Beteiligung am Veränderungsprozess motiviert werden?
b) Über welche spezifischen Kompetenzen und Fähigkeiten sollten Führungskräfte in Veränderungsprozessen verfügen?
c) Welche Aufgaben kommen dem HRM in Veränderungsprozessen zu, und welche Fähigkeiten sind für die Bewältigung dieser Aufgaben erforderlich?

Frage 2

Empfohlene Zeit: 10 Minuten

Punkte: 5 Punkte

Zeigen Sie anhand der Fallstudie, welche verschiedenen Rollen ein modernes HRM heute wahrnehmen sollte. Beschränken Sie sich dabei nicht auf die Rolle des Change Agent, sondern beschreiben und begründen Sie, welche Rollen vom HRM-Team der Phonos grundsätzlich, also auch in Phasen der Stabilität, wahrzunehmen sind.

Frage 3

Empfohlene Zeit: 60 Minuten

Punkte: 30 Punkte

Im Zuge der Fusion ist die Phonos AG gezwungen, rund 500 Stellen abzubauen. Trotz einer erhöhten Fluktuation in der Merger-Phase lassen sich Kündigungen nicht vermeiden. Im Einklang mit den Unternehmenswerten ist es der Phonos ein großes Anliegen, die unvermeidlichen Kündigungen auf eine menschliche und faire Art und Weise vorzunehmen. Nicht zuletzt aufgrund der Signalwirkung an die verbleibenden Mitarbeitenden (Survivor Sickness Syndrome) wird diesem Aspekt vom Management eine sehr hohe Bedeutung beigemessen.

a) Wie planen Sie den Stellenabbau konkret? Welche Haupt-Phasen sind zu unterscheiden?
b) Welche konkreten Vorbereitungsmaßnahmen des HRM sind erforderlich?
c) Welche internen und externen Anspruchsgruppen würden Sie wann und in welchem Zusammenhang in der Vorbereitung des Stellenabbaus berücksichtigen?
d) Wie gehen Sie bei der Durchführung der Gespräche konkret vor? Welchen Personen kommt im Kündigungsgespräch welche Rolle zu?
e) Wer ist wann in welcher Form über den Stellenabbau zu informieren? Erarbeiten Sie ein entsprechendes Kommunikationskonzept.

Frage 4

Empfohlene Zeit: 35 Minuten

Punkte: 20 Punkte

Die Everex und die Phonos AG sind durch zwei grundsätzlich verschiedene Kulturen gekennzeichnet. Diese kulturellen Unterschiede führen zu kreativen Lösungen, aber auch zu Konflikten. Von der Geschäftsleitung haben Sie als Personalleiter/Personalleiterin den Auftrag erhalten, rasch eine kulturelle Annäherung zu erwirken.

a) Wie beurteilen Sie diesen Auftrag der Geschäftsleitung?
b) Auf welche Weise ermitteln Sie die kulturellen Werte der *neuen* (fusionierten) Phonos?
c) Durch welche Maßnahmen lassen sich die erarbeiteten Werte verankern? Denken Sie bei Ihrer Lösung daran, sowohl kurzfristige als auch langfristige Effekte zu erzielen.

d) Wie gehen Sie vor, um nach einiger Zeit den Implementierungserfolg betreffend die neuen Werte zu überprüfen? Welche Messverfahren wenden Sie an?

Frage 5

Empfohlene Zeit: 40 Minuten

Punkte: 20 Punkte

Durch den Zusammenschluss der beiden Unternehmen ergibt sich auch ein organisatorischer Handlungsbedarf. Es gilt, eine neue Rahmenstruktur zu konzipieren. Die Entscheidungsträger der Phonos AG haben sich entschieden, das Unternehmen divisional aufzubauen.

a) Beurteilen Sie in einem ersten Schritt die gewählte Rahmenstruktur anhand von Kriterien, die klassischerweise zur Beurteilung von Organisationsformen herangezogen werden.

b) Stellen Sie eine alternative Strukturvariante vor (nur Rahmenstruktur), und begründen Sie, welche der beiden Formen den zukünftigen Anforderungen der Phonos AG besser gerecht wird.

c) Beschreiben Sie einen wichtigen Unternehmensprozess, der mehrere operative Einheiten betrifft. Erläutern Sie, wie Sie die Koordination zwischen verschiedenen Einheiten sicherstellen.

Frage 6

Empfohlene Zeit: 20 Minuten

Punkte: 10 Punkte

Unmittelbar nach der Ankündigung der Fusion am Morgen des 12. September 2000 wird der Zugang zum Hauptsitz der Phonos AG von einer Abordnung der Gewerkschaft Communicatio erschwert. Die Gewerkschaftsfunktionäre verteilen Flugblätter, klagen in Sprechchören die Shareholder-Value-Orientierung der neuen Hauptaktionärin an und warnen vor dem bevorstehenden Personalabbau. Übertragungswagen verschiedener nationaler Fernsehanstalten sind eingetroffen und beginnen mit dem Aufbau der Kameras.

a) Hätte sich diese Situation vermeiden lassen und wenn ja, wie? Bitte begründen Sie Ihre Antwort.

b) Wie gehen Sie als Personalleiter/Personalleiterin der Phonos AG mit der Situation am Morgen des 12. September 2000 konkret um? Welche Sofortmaßnahmen ergreifen Sie?

Abbildungsverzeichnis

Tabellenverzeichnis

Abkürzungsverzeichnis

a. M.	am Main
AC	Assessment Center
ADSL	Asymmetric Digital Subscriber Line
AI	Artifizielle Intelligenz / Artificial Intelligence
ASP	Application Service Providing
bzw.	beziehungsweise
CA	California
CAQDAS	Computer-Assisted/Aided Qualitative Data Analysis Software
CEO	Chief Executive Officer
CH	Confoederatio Helvetica
CHF	Schweizer Franken
d. h.	das heißt
Dr.	Doktor/in
DSGVO	Datenschutz-Grundverordnung
dtv	Deutscher Taschenbuch Verlag
et al.	et alii (und andere)
etc.	et cetera (und so weiter)
Exp.	Experiment
f.	folgende
ff.	fortfolgende
FLA	Florida
FTE	Full Time Equivalent
GPRS	General Packet Radio Service
GSM	Global System for Mobile Communications
HBS	Harvard Business School
HR	Human Resources
HRM	Human Resource Management
Hrsg.	Herausgeber
hrsg. v.	herausgegeben von
i. w. S.	im Weiteren/weitesten Sinn
ICL	Inter-Company Longitudinal
inkl.	inklusive
IOP	Institut für Organisation und Personal der Universität Bern
IP	Internetprotokoll

IT	Information Technology
KI	Künstliche Intelligenz
MA/Mass.	Massachusetts
MBA	Master of Business Administration
MIT	Massachusetts Institute of Technology
Mrd.	Milliarde(n)
nDSG	neues Datenschutzgesetz
Nr.	Nummer
OD	Organizational Development
PLC	Powerline Communication
PRE	Proportional Reduction in Error
Prof.	Professor/in
SGO	Schweizerische Gesellschaft für Organisation und Management
SMS	Short Message Service
SPSS	Statistical Package für Social Sciences
SWOT	Strengths-Weaknesses-Opportunities-Threats
Ts.	Taunus
u. Ä.	und Ähnliche
u. a.	und andere / unter anderem (anderen)
u. U.	unter Umständen
UMTS	Universal Mobile Telecommunications System
UVK	Universitätsverlag Konstanz
v. a.	vor allem
vgl.	vergleiche
VUCA	Volatility, Uncertainty, Complexity, Ambiguity
WAP	Wireless Application Protocol
WHL	Wissenschaftliche Hochschule Lahr
Wist	Wirtschaftswissenschaftliches Studium
WLL	Wireless Local Loop
z. B.	zum Beispiel
z. T.	zum Teil

Literaturverzeichnis

Albert, Hans (1962). Probleme der Wissenschaftslehre in der Sozialforschung. In: Handbuch der empirischen Sozialforschung. Band 1. Hrsg. v. René König. Stuttgart, Ferdinand Enke: 38-63.

Applegate, Lynda M. (1988). Case teaching at HBS. Some thoughts for new faculty. Boston (MA), Harvard Business School.

Arnold, David O. (1970). Dimensional Sampling. An approach for studying a small number of cases. The American Sociologist 6(5): 147-150.

Atteslander, Peter (2010). Methoden der empirischen Sozialforschung. 13. Auflage, Berlin/New York, Erich Schmidt.

Backerra, Hendrik, Christian Malorny und Wolfgang Schwarz (2020). Kreativitätstechniken. Kreative Prozesse anstoßen, Innovationen fördern. 4. Auflage, München, Hanser.

Backhaus, Klaus, Bernd Erichson, Wulff Plinke und Rolf Weiber (2000). Multivariate Analysemethoden. Eine anwendungsorientierte Einführung. 9. Auflage, Berlin u. a., Springer.

Backhaus, Klaus und Wulff Plinke (1977). Die Fallstudie im Kooperationsfeld von Hochschule und Praxis. Die Betriebswirtschaft 37(4): 615-619.

Bayard, Nicole (1997). Unternehmens- und personalpolitische Relevanz der Arbeitszufriedenheit. Bern/Stuttgart/Wien, Haupt.

Becker, Fred G. (1993). Explorative Forschung mittels Bezugsrahmen – ein Beitrag zur Methodologie des Entdeckungszusammenhangs. In: Empirische Personalforschung. Hrsg. v. Fred G. Becker und Albert Martin. München/Mering, Rainer Hampp: 111-127.

Behrens, Gerold (1993). Wissenschaftstheorie und Betriebswirtschaftslehre. In: Handwörterbuch der Betriebswirtschaftslehre. Hrsg. v. Waldemar Wittmann, Werner Kern, Richard Köhler, Hans Ulrich Küpper und Klaus von Wysocki. 5. Auflage, Stuttgart, Schäffer-Poeschel: 4763-4772.

Benninghaus, Hans (2007). Deskriptive Statistik. Eine Einführung für Sozialwissenschaftler. 11. Auflage, Wiesbaden, VS Verlag für Sozialwissenschaften.

Berthel, Jürgen (1992). Fort- und Weiterbildung. In: Handwörterbuch des Personalwesens. Hrsg. v. Eduard Gaugler und Wolfgang Weber. 2. Auflage, Stuttgart, Schäffer-Poeschel: 883-898.

Berthel, Jürgen und Fred G. Becker (2022). Personal-Management. Grundzüge für Konzeptionen betrieblicher Personalarbeit. 12. Auflage, Stuttgart, Schäffer-Poeschel.

Bloom, Benjamin S., Max Englehart, Edward Furst, Walter Hill und David Krathwohl (1956). Taxonomy of educational objectives: The classification of educational goals. Handbook I: Cognitive domain. New York/Toronto, Longmans, Green & Co.

Bloom, Benjamin S., John Thomas Hastings und George F. Madaus (1971). Handbook on formative and summative evaluation of student learning. New York, McGraw-Hill.

Blum, Adrian (1999). Integriertes Arbeitszeitmanagement. Ausgewählte personalwirtschaftliche Massnahmen zur Entwicklung und Umsetzung flexibler Arbeitszeitsysteme. Bern/Stuttgart/Wien, Haupt.

Blum, Adrian und Robert J. Zaugg (2002). Arbeitszeitverkürzung bei Swisscom – umfassende Evaluation. Die Volkswirtschaft 75(6): 47-49.

Blumer, Herbert (1981). Der methodologische Standort des Symbolischen Interaktionismus. In: Alltagswissen, Interaktion und gesellschaftliche Wirklichkeit 1+2. Hrsg. v. Arbeitsgruppe Bielefelder Soziologen. 5. Auflage, Opladen, Westdeutscher Verlag: 80-146.

Bohnsack, Ralf, Aglaja Przyborski und Burkhard Schäffer (Hrsg.) (2009). Das Gruppendiskussionsverfahren in der Forschungspraxis. 2. Auflage, Opladen/Farmington Hills, Barbara Budrich.

Bond, Samantha (2017). (Wo)Man vs. Machine: From Competition to Collaboration. Choosing our battles; knowing when to think and when to automate. Amsterdam, ESOMAR.

Boos, Margarete (1993). Die Fallstudienmethodik. In: Empirische Personalforschung. Methoden und Beispiele. Hrsg. v. Fred G. Becker und Albert Martin. München/Mering, Rainer Hampp: 33-46.

Bortz, Jürgen und Christof Schuster (2010). Statistik für Human- und Sozialwissenschaftler. 7. Auflage, Berlin/Heidelberg/New York, Springer.

Bowers, David G. (1973). OD Techniques and Their Results in 23 Organizations: The Michigan ICL Study. Journal of Applied Behavioral Sciences 9(1): 21-43.

Bowers, David G. und Jerome L. Franklin (1977). Survey guided development I: Data-Based Organizational Change. La Jolla, Pfeiffer.

Bradburn, Norman M., Seymour Sudman und Brian Wansink (2004). Asking Questions. The Definitive Guide to Questionnaire Design – For Market Research, Political Polls, and Social and Health Questionnaires. Revised Edition, San Francisco, Jossey-Bass.

Brosius, Felix (2018). SPSS. Umfassendes Handbuch zu Statistik und Datenanalyse. 8. Auflage, Frechen, mitp.

Büning, Herbert und Götz Trenkler (2013). Nichtparametrische statistische Methoden. 2. Auflage, Berlin/Boston, De Gruyter.

Cantin, Françoise und Norbert Thom (1995). Tendenzen in der Didaktik der Organisationslehre an Schweizer Universitäten und wissenschaftlichen Hochschulen. Empirische Ergebnisse aus einer Delphi-Studie bei Dozenten und einer Befragung von Organisierenden. Zeitschrift Führung + Organisation 64(6): 360-364.

Cantin, Françoise und Norbert Thom (1996). Organisationsarbeit in der Schweiz. Profil von Organisierenden in Wirtschaft und Wissenschaft. 2. Auflage, Glattbrugg, SGO.

Creswell, John W. und J. David Creswell (2018). Research Design. Qualitative, Quantitative, and Mixed Methods Approaches. 5. Auflage, Los Angeles et al., Sage.

de Vaus, David. A. (2001). Research Design in Social Research. London/Thousand Oaks/New Delhi, Sage.

Diekmann, Andreas (1998). Die Bedeutung der Sekundäranalyse zur Kontrolle von Forschungsergebnissen. In: Statistik im Dienste der Öffentlichkeit. Hrsg. v. Werner Haug, Klaus Armingeon, Peter Farago und Markus Zürcher. Bern, Bundesamt für Statistik: 135-142.

Diekmann, Andreas (2020). Empirische Sozialforschung. Grundlagen, Methoden, Anwendungen. 13. Auflage, Reinbek bei Hamburg, Rowolth Taschenbuch.

Domsch, Michel E. und Désirée H. Ladwig (2013). Fallstudien. In: Management-Diagnostik. Hrsg. v. Werner Sarges. 4. Auflage, Göttingen et al., Hogrefe: 693-699.

Donaldson, Lex (1995). American Anti-Management Theories of Organization. A Critique of Paradigm Proliferation. Cambridge, Cambridge University Press.

Drumm, Hans Jürgen (2008). Personalwirtschaft. 6. Auflage, Berlin/Hamburg, Springer.

Ebers, Marc (1992). Organisationstheorie, situative. In: Handwörterbuch der Organisation. Hrsg. v. Erich Frese. 3. Auflage, Stuttgart, Schäffer-Poeschel: 1817-1838.

Eisenhardt, Kathleen M. (1989). Building Theories from Case Study Research. Academy of Management Review 4(14): 532-550.

Erlach, Christine und Michael Müller (2020a). Narrative Organisationen. Wie die Arbeit mit Geschichten Unternehmen zukunftsfähig macht. Berlin/Heidelberg, SpringerGabler.

Erlach, Christine und Michael Müller (Hrsg.) (2020b). Narrative Organisationsentwicklung. Ein Arbeitsbuch in Fallbeispielen. Berlin/Heidelberg, SpringerGabler.

Eschenbach, Rolf, Christian Kreuzer und Katharina Neumann (Hrsg.) (1994). Fallstudien zur Unternehmensführung. Stuttgart, Schäffer-Poeschel.

Fahrmeir, Ludwig, Alfred Hamerle und Gerhard Tutz (Hrsg.) (1996). Multivariate statistische Verfahren. 2. Auflage, Berlin/Boston, de Gruyter.

Fessmann, Klaus-Dieter (1980). Organisatorische Effizienz in Unternehmungen und Unternehmungsteilbereichen. Düsseldorf, Mannhold.

Field, Andy (2009). Discovering Statistics using SPSS. 3. Auflage, Los Angeles et al., Sage.

Filstead, William J. (1971). Introduction. In: Qualitative Methodology. Firsthand Involvement with the Social World. Hrsg. v. William J. Filstead. 2. Auflage, Chicago, Markham: 1-11.

Finzer, Peter und Matthias Mungenast (1992). Personalauswahl. In: Handwörterbuch des Personalwesens. Hrsg. v. Eduard Gaugler und Wolfgang Weber. 2. Auflage, Stuttgart, Schäffer-Poeschel: 1583-1596.

Flick, Uwe (2008). Triangulation. Eine Einfühung. 2. Auflage, Wiesbaden, VS Verlag für Solzialwissenschaften.

Flick, Uwe (2017). Qualitative Sozialforschung. Eine Einführung. 8. Auflage, Reinbek bei Hamburg, Rowohlt Taschenbuch.

Flick, Uwe, Ernst Von Kardorff und Ines Steinke (Hrsg.) (2017). Qualitative Forschung. Ein Handbuch. 12. Auflage, Reinbek bei Hamburg, Rowohlt Taschenbuch.

Fricke, Reiner und Gerhard Treinies (1985). Einführung in die Metaanalyse. Bern/Stuttgart/Toronto, Hans Huber Verlag.

Friedrichs, Jürgen und Hartmut Lüdtke (1973). Teilnehmende Beobachtung. Einführung in die sozialwissenschaftliche Feldforschung. 2. Auflage, Weinheim/Basel, Beltz.

Friedrichsmeier, Helmut (2020). Lehren und Lernen mit der Fallstudienmethode. Wien, Facultas.

Gachowetz, Helmuth (1999). Feldforschung. In: Sozialwissenschaftliche Methoden. Lehr- und Handbuch für Forschung und Praxis. Hrsg. v. Erwin Roth und Heinz Holling. 5. Auflage, München/Wien, Oldenbourg Wissenschaftsverlag: 245-266.

Garvin, David A. (2003). Making the Case: Professional Education for the World of Practice. Harvard Magazine 107(September-October): 56-65.

George, Alexander L. und Andrew Bennett (2004). Case Studies and Theory Development in the Social Sciences. Cambridge (Mass.)/London, MIT Press.

Gerring, John (2017). Case Study Research. Principles and Practices. 2. Auflage, Cambridge/New York, Cambridge University Press.

Glaser, Barney G. und Anselm L. Strauss (1967). The discovery of grounded theory. Strategies for qualitative research. Chicago, Aldine.

Grochla, Erwin (1978). Einführung in die Organisationstheorie. Stuttgart, Schäffer-Poeschel.

Grochla, Erwin (1982). Grundlagen der organisatorischen Gestaltung. Stuttgart, Schäffer-Poeschel.

Grochla, Erwin und Norbert Thom (1975). Fallmethode und Gruppenarbeit in der betriebswirtschaftlichen Hochschulausbildung. Ein Kölner Versuch. Hamburg, Arbeitsgemeinschaft für Hochschuldidaktik.

Gsponer, Manuela (2000). Status quo und Zukunftstrends der Instrumente des Personalmarketings für die Zielgruppe der technischen Hochschulabsolventen. Konzeptionelle Grundlagen – Empirische Untersuchung – Gestaltungsempfehlungen. Unveröffentlichte Lizentiatsarbeit. Bern, IOP.

Güth, Werner (1999). Spieltheorie und ökonomische (Bei)Spiele. 2. Auflage, Berlin/Heidelberg/New York, Springer.

Habermas, Jürgen (2016). Theorie des kommunikativen Handelns. Band 2: Zur Kritik der funktionalistischen Vernunft. 10. Auflage, Frankfurt a. M., Suhrkamp.

Heinen, Edmund (1968). Einführung in die Betriebswirtschaftslehre. Wiesbaden, Gabler.

Heinen, Edmund (1969). Zum Wissenschaftsprogramm der entscheidungsorientierten Betriebswirtschaftslehre. Zeitschrift für Betriebswirtschaftslehre 39(4): 207-220.

Heinen, Edmund (1976). Grundfragen der entscheidungsorientierten Betriebswirtschaftslehre. München, Goldmann.

Heinze, Thomas (1995). Qualitative Sozialforschung. Erfahrungen, Probleme und Perspektiven. 3. Auflage, Wiesbaden, VS Verlag für Sozialwissenschaften.

Hentze, Joachim (1994). Personalwirtschaftslehre 1. 6. Auflage, Bern/Stuttgart/Wien, Haupt.

Hentze, Joachim und Andreas Kammel (2001). Personalwirtschaftslehre 1. 7. Auflage, Bern/Stuttgart/Wien, Haupt.

Hering, Linda und Robert Jungmann (2022). Einzelfallanalyse. In: Handbuch der empirischen Sozialforschung. Hrsg. v. Nina Baur und Jörg Blasius. 3. Auflage, Wiesbaden, Springer VS. Band 1: 677-690.

Higgins, James M. und Gerold G. Wiese (1996). Innovationsmanagement. Kreativitätstechniken für den unternehmerischen Erfolg. Berlin/Heidelberg, Springer.

Hossler, Dan und Patrick Scalese-Love (1989). Grounded Meta-Analysis: A Guide for Research Synthesis. The Review of Higher Education 13(1): 1-28.

Kaiser, Franz-Josef (Hrsg.) (1983). Die Fallstudie. Theorie und Praxis der Fallstudiendidaktik. Bad Heilbrunn, Julius Klinkhardt.

Kieser, Alfred (1995). Der Situative Ansatz. In: Organisationstheorien. Hrsg. v. Alfred Kieser. 2. Auflage, Stuttgart/Berlin/Köln, Kohlhammer: 155-183.

Kieser, Alfred und Herbert Kubicek (1992). Organisation. 3. Auflage, Berlin/New York, de Gruyter.

Kieser, Alfred und Peter Walgenbach (2010). Organisation. 6. Auflage, Stuttgart, Schäffer-Poeschel.

Kirsch, Werner (1984). Bezugsrahmen, Modelle und explorative empirische Forschung. In: Wissenschaftliche Unternehmensführung oder Freiheit vor der Wissenschaft? Hrsg. v. Werner Kirsch. München, Planungs- und Organisationswissenschaftliche Schriften. 2. Halbband: 751-772.

Kleine, Meinolf (1981). Fallstudien im betriebswirtschaftlichen Hochschulunterricht. Didaktisch-methodische Probleme einer aktiven Lehrmethode. Bern/Stuttgart/Wien, Haupt.

Kleining, Gerhard (1982). Umriss zu einer Methodologie qualitativer Sozialforschung. Kölner Zeitschrift für Soziologie und Sozialpsychologie 34(2): 224-253.

Kleining, Gerhard und Harald Witt (2000). Qualitativ-heuristische Forschung als Entdeckungsmethodologie für Psychologie und Sozialwissenschaften: Die Wiederentdeckung der Methode der Introspektion als Beispiel. Forum Qualitative Sozialforschung / Forum: Qualitative Social Research [On-line Journal] 1(1): 19 Absätze.

Klimecki, Rüdiger G. und Markus Gmür (2005). Personalmanagement. 3. Auflage, Stuttgart, Lucius & Lucius.

Kosiol, Erich (1957). Die Behandlung praktischer Fälle im betriebswirtschaftlichen Hochschulunterricht (Case Method). Ein Berliner Versuch. Berlin, Duncker & Humbold.

Kosiol, Erich (1964). Betriebswirtschaftslehre und Unternehmensforschung. Zeitschrift für Betriebswirtschaft 34(12): 743-762.

Kosiol, Erich (1966). Die Unternehmung als wirtschaftliches Aktionszentrum. Einführung in die Betriebswirtschaftslehre. Reinbek bei Hamburg, Rowohlt.

Kromrey, Helmut, Jochen Roose und Jörg Strübing (2016). Empirische Sozialforschung. Modelle und Methoden der Datenerhebung und Datenauswertung mit Annotationen aus qualitativ-interpretativer Perspektive. 13. Auflage, Konstanz/München, UVK.

Krueger, Richard A. und Mary Anne Casey (2015). Focus Groups. A Practical Guide for Applied Research. 5. Auflage, Los Angeles et al., Sage Publications.

Kubicek, Herbert (1975). Empirische Organisationsforschung. Konzeption und Methodik. Stuttgart, Schäffer-Poeschel.

Kubicek, Herbert (1977). Heuristische Bezugsrahmen und heuristisch angelegte Forschungsdesigns als Elemente einer Konstruktionsstrategie empirischer Forschung. In: Empirische und handlungstheoretische Forschungskonzeptionen in der Betriebswirtschaftslehre. Hrsg. v. Richard Köhler. Stuttgart, Schäffer-Poeschel: 3-36.

Kubicek, Herbert und Norbert Thom (1976). Umsystem, betriebliches. In: Handwörterbuch der Betriebswirtschaft. Hrsg. v. Erwin Grochla und Waldemar Wittmann. 4. Auflage, Stuttgart: 3977-4017.

Kühn, Richard (1978). Entscheidungsmethodik und Unternehmungspolitik. Bern/Stuttgart/Wien, Haupt.

Kühn, Richard und Kathrin Fankhauser (1996). Marktforschung: Ein Arbeitsbuch für das Marketing-Management. Bern/Stuttgart/Wien, Haupt.

Kühn, Richard und Rudolf Grünig (1986). Aktionsforschung und ihre Anwendung in der praktisch-normativen Betriebswirtschaftslehre. Die Unternehmung 40(2): 118-133.

Kühn, Richard und Michael Kreuzer (2006). Marktforschung. Best Practices für Marketingverantwortliche. Bern/Stuttgart/Wien, Haupt.

Kühn, Thomas und Kay-Volker Koschel (2018). Gruppendiskussionen. Ein Praxis-Handbuch. 2. Auflage, Wiesbaden, Springer VS.

Laatz, Wilfried (1993). Empirische Methoden. Ein Lehrbuch für Sozialwissenschaftler. Thun/Frankfurt a. M., Harri Deutsch.

Lamnek, Siegfried und Claudia Krell (2016). Qualitative Sozialforschung. 6. Auflage, Weinheim/Basel, Beltz.

Law, A. und D. Kelton (1991). Simulation Modeling and Analysis. New York, McGraw-Hill.

Likert, Rensis (1967). The human organization. New York, McGaw-Hill.

Lincoln, Yvonna S. und Egon G. Guba (1985). Naturalistic inquiry. London, Sage.

Lisch, Ralf (1978). Kategorien. In: Grundlagen und Modelle der Inhaltsanalyse. Hrsg. v. Ralf Lisch und Jürgen Kriz. Reinbek bei Hamburg, Rowohlt: 69-83.

Lorenz, Kuno (1984). Heuristik. In: Enzyklopädie Philosophie und Wissenschaftstheorie. Hrsg. v. Jürgen Mittelstrass. Mannheim/Wien/Zürich, Bibliographisches Insitut – Wissenschaftsverlag. 2: 99-100.

Lynn, Laurence E. Jr. (1999). Teaching and Learning with Cases: A Guidebook. New York, Chatham House Publishers.

Lyons, William (1986). The Disappearance of Introspection. Cambridge Mass./London, MIT Press.

Mag, Wolfgang (1992). Bildungsplanung, Betriebliche. In: Handwörterbuch des Personalwesens. Hrsg. v. Eduard Gaugler und Wolfgang Weber. 2. Auflage, Stuttgart, Schäffer-Poeschel: 687-698.

Mangold, Werner (1960). Gegenstand und Methode des Gruppendiskussionsverfahrens. Frankfurt a. M., Europäische Verlagsanstalt.

Marsick, Victoria J. (2004). Case Study. In: Adult Learning Methods. A Guide for Effective Instruction. Hrsg. v. Michael W. Galbraith. 3. Auflage, Malabar FLA, Krieger: 383-404.

Mauffette-Leenders, Louise A., James A. Erskine und Michiel R. Leenders (2007). Learning with Cases. 4. Auflage, London (Ontario), Ivey Publishing.

Maxwell, Joseph Alex (2013). Qualitative Research Design. An Interactive Approach. 3. Auflage, Los Angeles et al., Sage.

Mayring, Philipp (2001). Kombination und Integration qualitativer und quantitativer Daten. Forum Qualitative Sozialforschung / Forum: Qualitative Social Research [On-line Journal] 2(1): 31 Absätze.

Mayring, Philipp (2022). Qualitative Inhaltsanalyse. Grundlagen und Techniken. 13. Auflage, Weinheim/Basel, Beltz.

Mayring, Philipp (2023). Einführung in die qualitative Sozialforschung. Eine Anleitung zu qualitativem Denken. 7. Auflage, Weinheim/Basel, Beltz.

Mead, George Herbert (1973). Geist, Identität und Gesellschaft. Frankfurt a. M., Suhrkamp.

Mehrabian, Albert und Susan R. Ferris (1967). Inference of attitudes from nonverbal communication in two channels. Journal of Consulting and Clinical Psychology 31(3): 248-252.

Meier, Harald (1995). Handwörterbuch der Aus- und Weiterbildung. 425 Methoden und Konzepte des betrieblichen Lernens mit Praxisbeispielen und Checklisten. Neuwied/Kriftel/Berlin, Luchterhand.

Mentzel, Wolfgang (1992). Trainingsmethoden. In: Handwörterbuch des Personalwesens. Hrsg. v. Eduard Gaugler und Wolfgang Weber. 2. Auflage, Stuttgart, Schäffer-Poeschel: 2209-2220.

Mentzel, Wolfgang (1997). Unternehmungssicherung durch Personalentwicklung. Mitarbeiter motivieren, fördern und weiterbilden. 7. Auflage, Freiburg, Haufe.

Merriam, Sharan B. (2009). Qualitative Research. A Guide to Design and Implementation. 3. Auflage, San Francisco, Jossey-Bass.

Meyermann, Alexia, Tobias Gebel und Stefan Liebig (2019). Organisationsdaten. In: Handbuch der empirischen Sozialforschung. Hrsg. v. Nina Baur und Jörg Blasius. 3. Auflage, Wiesbaden, Springer VS. Band 2: 1321-1336.

Miles, Matthew B. und Michael A. Huberman (1994). Qualitative Data Analysis. An Expanded Sourcebook. 2. Auflage, Thousand Oaks/London/New Delhi, Sage.

Miles, Matthew B., Michael A. Huberman und Johnny Saldaña (2020). Qualitative Data Analysis. A Methods Sourcebook. 4. Auflage, Thousand Oaks, Sage.

Morgan, Gareth (2006). Images of Organization. 2. Auflage, Thousand Oaks/London/New Delhi, Sage.

Müller, Michael (2017). Einführung in narrative Methoden der Organisationsberatung. Heidelberg, Carl-Auer-Systeme Verlag.

Naumes, William und Margaret J. Naumes (1999). The Art and Craft of Case Writing. Thousand Oaks/London/New Delhi, Sage Publications.

Nonaka, Ikujiro und Hirotaka Takeuchi (1995). The Knowledge-Creating Company. How Japanese Companies Create the Dynamics of Innovation. New York, Oxford University Press.

Obermann, Christopf (2018). Assessment Center. Entwicklung, Durchführung, Trends. Mit neuen originalen AC-Übrungen. 6. Auflage, Wiesbaden, SpringerGabler.

Oriesek, Daniel F. und Jan Oliver Schwarz (2008). Business Wargaming: Securing Corporate Value. Aldershot/Burlington, Gower.

Oriesek, Daniel F. und Jan Oliver Schwarz (2009). Business Wargaming. Unternehmenswert schaffen und schützen. Wiesbaden, Gabler.

Osterloh, Margit und Regine Tiemann (1993). Plädoyer für eine interpretative Personalforschung. Konzeptionelle Überlegungen zur Anwendung qualitativer Methoden. In: Empirische Personalforschung. Methoden und Beispiele. Hrsg. v. Fred G. Becker und Albert Martin. München/ Mering, Rainer Hampp: 93-109.

Osterloh, Margit und Sigrid Wübker (1999). Wettbewerbsfähiger durch Prozeß- und Wissensmanagement. Mit Chancengleichheit auf Erfolgskurs. Wiesbaden, Gabler.

Pasquier, Martial, Mirja Weiss und Peter Felser (1994). Kommunikation 2001. Eine Delphi-Studie. Zürich, Marketing und Kommunikation.

Perlitz, Manfred und Paul Julius Vassen (1976). Grundlagen der Fallstudiendidaktik. Köln, Hanstein.

Pichler, Roman (2008). Scrum. Agiles Projektmanagement erfolgreich einsetzen. Heidelberg, Rotpunkt.

Pollock, Friedrich (1955). Gruppenexperiment. Ein Studienbericht. Frankfurt am Main, Europäische Verlagsanstalt.

Radnitzky, Gerard (1992). Wissenschaftstheorie, Methodologie. In: Handlexikon zur Wissenschaftstheorie. Hrsg. v. Helmut Seiffert und Gerard Radnitzky. München, dtv: 463-472.

Raffée, Hans (1974). Grundprobleme der Betriebswirtschaftslehre. Göttingen, Vandenhoeck & Ruprecht.

Ravitch, Sharon M. und Matthew Riggan (2017). Reson & Rigor. How Conceptual Frameworks Guide Research. 2. Auflage, Los Angeles et al., Sage.

Reetz, Lothar, Jürgen Beiler, Hans Hellenbrand, Wolfgang Seyd und Georg Schulemann (1993). Fallstudien Materialwirtschaft. Ein praxisorientiertes Wirtschaftslehre-Curriculum. Hamburg, Feldhaus.

Reynolds, John I. (1992). Case Method in Management Development. 5. Auflage, Geneva, International Labour Office.

Rinne, Horst (2000). Statistische Analyse multivariater Daten. Einführung. München, Oldenburg.

Ritz, Adrian, Carl Rudolf Blankart, Claus D. Jacobs, Andreas Lienhard, Doina Radulescu und Fritz Sager (Hrsg.) (2021). Praxisfälle Public Management. Ein multidsziplinärer Ansatz mit konzeptionellen Bausteinen. Wiesbaden, SpringerGabler.

Roethlisberger, Fritz J. und William J. Dickson (1939). Management and the Worker. An Account of a Research Program Conducted by the Western Electric Company, Hawthorne Works, Chicago. Cambridge Mass., Harvard University Press.

Rößl, Dietmar (1990). Die Entwicklung eines Bezugsrahmens und seine Stellung im Forschungsprozeß. Journal für Betriebswirtschaft 40(2): 99-110.

Sachs, Lothar (1992). Angewandte Statistik. Anwendung statistischer Methoden. 7. Auflage, Berlin u. a., Springer.

Schanz, Günther (1977). Grundlagen der verhaltenstheoretischen Betriebswirtschaftslehre. Tübingen, Mohr.

Schanz, Günther (1988). Methodologie für Betriebswirte. 2. Auflage, Stuttgart, Schäffer-Poeschel.

Schanz, Günther (1990). Der verhaltenstheoretische Ansatz in der Betriebswirtschaftslehre. WiSt Wirtschaftswissenschaftliches Studium 19(5): 229-234.

Schanz, Günther (2009). Wissenschaftsprogramme der Betriebswirtschaftslehre. In: Allgemeine Betriebswirtschaftslehre, Band 1: Grundfragen. Hrsg. v. Franz Xaver Bea, Brigit Friedl und Marcell Schweitzer. 10. Auflage, Stuttgart, Lucius & Lucius: 83-164.

Schepers, Heinrich (1974). Heuristik, heuristisch. In: Historisches Wörterbuch der Philosophie. Hrsg. v. Joachim Ritter. Darmstadt, Wissenschaftliche Buchgesellschaft. Band 3: 1115-1120.

Schindler, Hans und Peter Wetzels (1985). Subjektive Bedeutung familiärer Arbeitslosigkeit bei Schülern in einem Bremer Stadtteil. In: Individuelle und gesellschaftliche Kosten der Massenarbeitslosigkeit. Psychologische Theorie und Praxis. Hrsg. v. Thomas Kieselbach und Ali Wacker. Weinheim/Basel, Beltz: 120-138.

Schnell, Rainer, Paul B. Hill und Elke Esser (2018). Methoden der empirischen Sozialforschung. 11. Auflage, Berlin/Boston, De Gruyter Oldenbourg.

Scholz, Christian (2014). Personalmanagement. Informationsorientierte und verhaltenstheoretische Grundlagen. 6. Auflage, München, Vahlen.

Scholz, Roland W. und Olaf Tietje (2002). Embedded Case Study Methods. Integrating Quantitative and Qualitative Knowledge. Thousand Oaks/London/New Delhi, Sage.

Seiffert, Helmut (1992). Wissenschaftstheorie, allgemein und Geschichte. In: Handlexikon zur Wissenschaftstheorie. Hrsg. v. Helmut Seiffert und Gerard Radnitzky. München, dtv: 461-463.

Shafer, Richard A., Lee Dyer, Janine Kilty, Jeff Amos und Jeff Ericksen (2001). Crafting a Human Resource Strategy to Foster Organizational Agility: A Case Study. Human Resource management 40(3): 197-211.

Siegel, Sidney (1976). Nichtparametrische statistische Methoden. Frankfurt a. M., Klotz.

Simons, Helen (2009). Case Study Research in Practice. London et al., Sage.

Spöhring, Walter (1989). Qualitative Sozialforschung. Wiesbaden, Springer Fachmedien.

Stake, Robert E. (1995). The Art of Case Study Research. Thousand Oaks/London/New Dehli, Sage.

Stapf, Kurt H. (1999). Laboruntersuchungen. In: Sozialwissenschaftliche Methoden. Lehr- und Handbuch für Forschung und Praxis. Hrsg. v. Erwin Roth und Heinz Holling. 5. Auflage, München/Wien, Oldenbourg Wissenschaftsverlag: 228-244.

Strauss, Anselm und Juliet Corbin (1994). Grounded Theory Methodology. An Overview. In: Handbook of Qualitative Research. Hrsg. v. Norman K. Denzin und Yvonna S. Lincoln. Thousands Oaks/London/New Delhi, Sage: 273-285.

Strauß, Bernhard (1996). Quantitative Einzelfallanalysen – Grundlagen und Möglichkeiten. In: Quantitative Einzelfallanalysen und qualitative Verfahren. Hrsg. v. Elmar Brähler und Corinne Adler. Gießen, Psychosozial Verlag: 15-45.

Thom, Norbert (1984). Personalentwicklung als Instrument der Unternehmungsführung. Konzeptionelle Grundlagen und empirische Studien. Stuttgardt, Schäffer-Poeschel.

Thom, Norbert (1988). Organisationsmanagement. Bewertung und Auswahl einer effizienten Organisationsform für Unternehmungen. In: Funktionale Managementlehre. Hrsg. v. Michael Hofmann und Lutz von Rosenstiel. Berlin et al., Springer: 322-352.

Thom, Norbert (2007). Die Fallstudie als didaktisches Instrument. In: Fälle zu Organisation und Personal. Hrsg. v. Norbert Thom, Andreas P. Wenger und Robert J. Zaugg. 5. Auflage, Bern/Stuttgart/Wien, Haupt: 5-20.

Thom, Norbert, Adrian Blum und Robert J. Zaugg (2002). Arbeitszeitmanagement. Zur Verbreitung und Implementierung von flexiblen Arbeitszeitsystemen in schweizerischen Unternehmungen und Institutionen. Die Betriebswirtschaft 62(5): 488-511.

Thom, Norbert, Andreas P. Wenger und Robert J. Zaugg (1998). Fälle zu Organisation und Personal. Didaktik, Fallstudien, Lösungen, Theoriebausteine. Bern/Stuttgart/Wien, Haupt.

Thom, Norbert, Andreas P. Wenger und Robert J. Zaugg (Hrsg.) (2007). Fälle zu Organisation und Personal. Didaktik – Fallstudien – Lösungen – Theoriebausteine. 5. Auflage, Bern/Stuttgart/Wien, Haupt.

Thom, Norbert und Robert J. Zaugg (2005). Generationenwechsel aus Herausforderung für die Entwicklung von Familienunternehmen. In: Mittelständische Unternehmen. Probleme der Unternehmensnachfolge. Hrsg. v. Reinbert Schauer, Norbert Kailer und Birgit Feldbauer-Durstmüller. Linz, Trauner: 151-187.

Thomas, Gary und Kevin Myers (2015). The Anatomy of the Case Study. Los Angeles et al., Sage.

Thommen, Jean-Paul, Michèle Rosenheck und Yves Atteslander (2005). Fallstudien zur Betriebswirtschaft. Zürich, Versus.

Ulrich, Hans (1970). Die Unternehmung als produktives soziales System. 2. Auflage, Bern/Stuttgart/Wien, Haupt.

Ulrich, Hans (1971). Der systemorientierte Ansatz in der Betriebswirtschaftslehre. In: Wissenschaftsprogramm und Ausbildungsziele der Betriebswirtschaftslehre. Hrsg. v. Gert Von Kortzfleisch. Berlin, Druncker & Humbolt: 43-60.

Ulrich, Peter und Wilhelm Hill (1979). Wissenschaftstheoretische Grundlagen der Betriebswirtschaftslehre. In: Wissenschaftstheoretische Grundfragen der Wirtschaftswissenschaften. Hrsg. v. Hans Raffée und Bodo Abel. München, Vahlen: 161-190.

Van Maanen, John (1988). Tales of the field. On Writing Ethnography. Chicago/London, The University of Chicago Press.

Weitz, Bernd O. (1995). Anschaulichkeit als wesentliche Grundlage der Wirtschaftspädagogik. Erziehungswissenschaft und Beruf 43(2): 136-147.

Weitz, Bernd O. (2000a). Fallstudienarbeit in der ökonomischen Bildung. Halle, Institut für Betriebswirtschaftslehre.

Weitz, Bernd O. (2000b). Handlungsorientierte Methoden und ihre Umsetzung – Wirtschaft – Band II. Bad Homburg vor der Höhe, Gehlen.

Welge, Martin K. (1987). Unternehmungsführung. Band 2: Organisation. Stuttgart, Schäffer-Poeschel.

Wenger, Andreas P. und Norbert Thom (2021). Die optimale Organisationsform. Grundlagen und Handlungsanleitung. 2. Auflage, Wiesbaden, Springer Gabler.

Wenger, Andreas P. und Robert J. Zaugg (2007). Anleitung zur Fallbearbeitung. In: Fälle zu Organisation und Personal. Hrsg. v. Norbert Thom, Andreas P. Wenger und Robert J. Zaugg. 5. Auflage, Bern/Stuttgart/Wien, Haupt: 21-30.

Yin, Robert K. (1981). The Case Study Crisis: Some Answers. Administrative Science Quarterly 26(1): 58-65.

Yin, Robert K. (1993). Applications of Case Study Research. Newbury Park/London/New Delhi, Sage.

Yin, Robert K. (1994). Case Study Research. Design and Methods. 2. Auflage, Thousand Oaks/London/New Delhi.

Yin, Robert K. (2018). Case Study Research and Applications. Design and Method. 6. Auflage, Los Angeles et al., Sage.

Zaugg, Robert J. (1996). Integrierte Personalbedarfsdeckung. Ausgewählte Gestaltungsempfehlungen zur Gewinnung ganzheitlicher Personalpotentiale. Bern/Stuttgart/Wien, Haupt.

Zaugg, Robert J. (1998). Strategic Sourcing bei der Schweizerischen Bankgesellschaft. Wettbewerbsvorteile durch Sourcing. Zeitschrift Führung + Organisation 67(6): 346-350.

Zaugg, Robert J. (2002a). Bezugsrahmen als Heuristik der explorativen Forschung. Bern, IOP.

Zaugg, Robert J. (2002b). Fallstudien als Forschungsdesign der Betriebswirtschaftslehre. Bern, IOP.

Zaugg, Robert J. (2009). Nachhaltiges Personalmanagement. Eine neue Perspektive und empirische Exploration des Human Resource Management. Wiesbaden, Gabler.

Zaugg, Robert J., Adrian Blum und Norbert Thom (2001). Nachhaltiges Personalmanagement. Spitzengruppenbefragung in europäischen Unternehmungen und Institutionen. Bern, IOP.

Zentes, Joachim, Bernhard Swoboda und Dirk Morschett (Hrsg.) (2011). Fallstudien zum Internationalen Management. Grundlagen – Praxiserfahrungen – Perspektiven. 4. Auflage, Wiesbaden, Gabler.

Zimmermann, Ekkart von (1972). Das Experiment in den Sozialwissenschaften. Suttgart, Teubner.

Stichwortverzeichnis

Zum Autor

Prof. Dr. Robert J. Zaugg
Dozent für Personalmanagement, Organisation und Leadership an der Universität Freiburg (Schweiz), Unternehmer und Verwaltungsrat

Studium der Wirtschaftswissenschaften an der Universität Bern (Lizentiat, Promotion, Habilitation). Lehr- und Forschungstätigkeit an den Universitäten Bern, Freiburg (Schweiz), Zürich und an der University of California in Berkeley sowie an der Wissenschaftlichen Hochschule Lahr (WHL) in Deutschland. Dozent und Referent in Fach- und Kaderschulungen. Managementtrainer und Berater. Initiator und Inhaber mehrerer Unternehmen. Tätigkeit als Verwaltungsrat und Stiftungsrat (als Mitglied und Präsident). Veröffentlichung von Büchern und Fachartikeln. Forschungsschwerpunkte: Personal- und Organisationsmanagement, Leadership sowie Fallstudienmethodik.

Kontakt: robert.zaugg@zauggnet.ch